LES

SPOROZOAIRES

LEÇONS

SUR LES

SPOROZOAIRES

PAR

G. BALBIANI

Professeur au Collège de France.

RECUEILLIES PAR LE DOCTEUR J. PELLETAN.

REVUES PAR LE PROFESSEUR.

AVEC 52 FIGURES INTERCALÉES DANS LE TEXTE
ET 5 PLANCHES LITHOGRAPHIÉES HORS TEXTE.

PARIS

OCTAVE DOIN, ÉDITEUR,

8 PLACE DE L'ODÉON, 8.

1884

AVANT-PROPOS.

La classe des Sporozoaires a été fondée, il y a quelques années, par Leuckart, comme nouvelle grande division naturelle du vaste sous-règne des Protozoaires [1]. Il y comprenait, outre les Grégarines, tous ces organismes parasites unicellulaires qui ont été décrits sous le nom général et vague de Psorospermies : *Psorospermies oviformes, Psorospermies utriculiformes, Psorospermies des Poissons.* Ce même nom de Psorospermies a été donné aussi par quelques auteurs aux spores ou pseudonavicelles des Grégarines. Il en est résulté que ce terme, primitivement créé par Jean Müller pour désigner spécialement les Sporozoaires des Poissons, a été appliqué à des choses fort peu équivalentes ; de là une confusion dans le langage scientifique qui rendait urgente une réforme dans la nomenclature de ces êtres. Leuckart (1879) proposa d'abord le mot de Coccidies pour les Psorospermies oviformes ; puis Bütschli (1881) celui de Myxosporidies pour les Psorospermies des Poissons. Dans mes leçons du semestre d'été 1882, j'ai proposé moi-même de changer

[1] *Die Parasiten des Menschen*, 2. Aufl. I. Bd. 1879, p. 230.

en Sarcosporidie les expressions de Psorospermies utriculiformes, tubes de Miescher ou de Rainey. En outre, j'ai fait rentrer dans la classe des Sporozoaires un cinquième groupe, que j'ai désigné sous le nom de Microsporidies, comprenant les *corpuscules vibrants* des Vers à soie et autres organismes analogues, regardés depuis longtemps comme des Psorospermies par Leydig et par moi (Psorospermies des Articulés).

Les divers groupes composant actuellement la classe des Sporozoaires ne se rattachent pas tous les uns aux autres par des caractères naturels bien évidents. Si les Grégarines, les Coccidies et même les Microsporidies ont entre elles des affinités incontestables, il n'en est pas de même de la parenté de ces trois groupes avec les deux derniers, ceux des Sarcosporidies et des Myxosporidies. Celles-ci surtout, par la structure compliquée de leurs spores (?) et les phénomènes qu'on y observe, présentent des différences importantes avec les autres Sporozoaires. Je ne serais même pas étonné qu'une étude plus approfondie de ces organismes conduisît à les éliminer de la classe des Sporozoaires et même du règne animal, pour les faire considérer comme des végétaux, confirmant ainsi l'idée que je m'étais faite autrefois de la nature de ces corps [1].

Les Sporozoaires sont des parasites très répandus; on les a rencontrés chez tous les animaux, depuis les Infusoires jusqu'à l'Homme. Quelques-uns peuvent engendrer des maladies mortelles par leur extrême multiplication dans les

____

[1] *Comptes rendus de l'Académie des Sciences*, t. 57, 1863.

organes; par exemple, les Coccidies du foie du Lapin, qu'on a observées également chez l'Homme. Plusieurs se propagent aussi épidémiquement et donnent lieu à des épizooties plus ou moins meurtrières; telles sont les Sarcosporidies des Moutons et des Volailles, qui déciment parfois les bergeries et les basses-cours. Un grand nombre de Poissons d'eau douce meurent par le développement des Myxosporidies dans leurs tissus, cause de destruction de ces animaux dans nos viviers encore généralement ignorée. Enfin, l'invasion épidémique des Microsporidies dans les magnaneries donne lieu à la maladie de la *pébrine* qui, il y a une vingtaine d'années, faillit ruiner l'industrie séricicole dans le monde entier.

Par leur importance économique, comme par les phénomènes de leur évolution biologique, les Sporozoaires sont donc dignes de tout l'intérêt des naturalistes. En consacrant à leur histoire quelques-unes de mes leçons, et surtout en publiant celles-ci par les soins de M. le Docteur J. Pelletan, j'ai voulu appeler de nouveau l'attention sur ces organismes, un peu négligés en ce moment pour les Schizomycètes, qui ont une importance bien plus grande pour la pathologie humaine et comparée.

Je me suis attaché à présenter le plus complètement possible l'état actuel de nos connaissances relatives aux Sporozoaires, ce qui m'a amené à exposer les faits importants dont MM. Aimé Schneider et Bütschli ont enrichi récemment l'histoire des Grégarines et des Coccidies. Mes contributions personnelles concernent principalement les Myxosporidies et les Microsporidies auxquelles se rapportent la plupart des figures originales des trois dernières planches jointes à ce volume. Si sa publication pouvait engager quelques observateurs à diriger leurs recherches sur l'un ou l'autre des groupes de Sporozoaires, notamment sur celui des Myxosporidies, si intéressant et encore si mal connu, j'aurais pleinement atteint le but que je m'étais proposé.

G. Balbiani.

1ᵉʳ Septembre 1883.

LES

SPOROZOAIRES

I

LES GRÉGARINES.

I

Pour suivre l'ordre que nous avons indiqué dans notre tableau des organismes unicellulaires, nous aurions, après avoir étudié les Infusoires ciliés, flagellés et cilio-flagellés, à nous occuper maintenant des Infusoires suceurs ou Acinétiens, puis des Rhizopodes, des Labyrinthulés, etc., mais pour pouvoir donner à l'étude des autres classes de Protozoaires qui nous restent à examiner, le développement que nous avons consacré aux trois premières classes des Infusoires, il nous faudrait employer, non seulement tout ce qui nous reste de leçons cette année, mais encore toutes celles de l'année prochaine. En effet, l'histoire des seuls Rhizopodes exigerait beaucoup de temps, car ces êtres forment évidemment la classe la plus importante et la plus vaste des Protozoaires, plus vaste même que celle des Infusoires ciliés. Je pourrais, me dira-t-on, me borner à l'étude de la reproduction chez ces organismes, étude qui rentre plus spécialement dans le cadre de mon enseignement, mais cette étude, pour être fructueuse et même intelligible, nécessite celle de leur organisation tout entière, car c'est surtout chez les Protozoaires que l'histoire du développement ou l'ontogénie se confond avec l'étude même de l'organisation. Malgré la simplicité de leur structure, je me trouverais ainsi entraîné à entrer dans de très grands détails sur cette structure même, en raison de la variation considérable des types de cette classe, où l'on ne compte pas moins de quatre ou cinq groupes, dont quelques auteurs, comme Hæckel, ont fait autant de classes spéciales : Amibiens, Foraminifères, Radiolaires, Héliozoaires, etc. Je ne pourrais guère me dispenser d'entrer dans cette étude morphologique, car les formes de ces Protozoaires nous sont bien moins familières que celles des Métazoaires. En parlant de ceux-ci, je n'ai pas besoin, le plus souvent, de vous rappeler la constitution de leurs organes de reproduction ; pour les Protozoaires, il en est tout autrement, et, à peu près pour chaque être, il faut décrire l'organisme tout entier. Je n'avais pas calculé toute l'étendue de ce travail, quand j'ai pensé à vous le présenter en un seul cours, alors qu'il me faudrait plusieurs années, en même temps que je serais obligé de laisser de côté l'étude des Métazoaires qui, au point de vue ontogénique, méritent beaucoup plus d'attention. Le peu de temps qui me reste cette année ne me permet pas d'entamer l'histoire de ces derniers, je n'ai donc plus qu'à choisir, parmi les organismes unicellulaires, le groupe le plus intéressant au point de vue où nous nous plaçons. J'ai pensé que c'était celui des Sporozaires, qui comprend, d'après Leuckart, les Grégarines et les Psorospermies.

Dans le tableau que nous avons donné antérieurement, nous avions placé ce groupe parmi les Protophytes; je reconnais volontiers que c'est une erreur et qu'il faut le placer parmi les Protozoaires. D'ailleurs, il faut reconnaître aussi que, quand on étudie certaines formes de Sporozoaires, il est très difficile de déterminer si l'on a affaire à des animaux ou à des végétaux. Pour d'autres, comme les

Grégarines, il n'est pas douteux que ce soient des animaux ; mais toutes ne sont pas aussi faciles à définir, et il en est qui se rattachent d'une manière manifeste au règne végétal. Telles sont les Psorospermies. Mais ce sont là pour nous, au point de vue où nous nous plaçons, des considérations tout à fait secondaires, et j'attache si peu d'importance à ces questions de classification que je ne crois pas nécessaire d'insister sur la place qu'il faut attribuer à ce groupe dans notre tableau.

Ce qui m'a surtout dicté ce choix des Sporozoaires, c'est leur mode d'existence. En effet, ce sont des parasites, et leur histoire se relie à celle de certaines maladies des animaux domestiques et même de l'homme. Et, pour vous donner un exemple du rôle qu'ils peuvent jouer comme cause pathologique, je n'ai qu'à vous rappeler qu'un organisme de ce groupe produit cette épidémie terrible qui a presque ruiné notre industrie séricicole et coûté à la France plus d'un milliard. Cette histoire a donc, en outre, un intérêt économique tout spécial, et quand nous étudierons la *pébrine*, vous comprendrez combien elle est intéressante, bien qu'elle soit encore si peu connue.

Mais c'est assez de préambules, entrons tout de suite dans notre sujet.

Les Sporozoaires peuvent être, eux-mêmes, divisés en cinq groupes ou ordres que nous étudierons successivement : les *Grégarines*, les *Psorospermies oviformes* ou *Coccidies*, les *Psorospermies tubuliformes* ou *Sarcosporidies*, les *Psorospermies des Poissons* ou *Myxosporidies* et les *Psorospermies des Articulés* ou *Microsporidies*. Quelles sont les relations qui existent entre ces cinq groupes ? Nullement douteuses pour les deux premiers ; — quant aux trois autres, comprenant les Psorospermies utriculiformes, celles des Poissons et celles des Articulés, avec les précédents, elles sont bien moins manifestes. Nous commencerons donc par le groupe des Grégarines.

Qu'est-ce qu'une Grégarine ? D'une manière générale, on peut la définir comme un organisme qui a la constitution d'une simple cellule, comprenant une paroi extérieure ou membrane d'enveloppe, un

contenu et un noyau. C'est, en effet, sous cet aspect très simple qu'apparaissent quelques Grégarines. Quelquefois, la cellule peut se compliquer
dans sa forme extérieure et dans sa constitution intime. D'abord, la
cavité peut être divisée en deux ou trois cavités secondaires par une
ou deux cloisons transversales. Cette cellule peut présenter aussi à son
extrémité antérieure des appendices de diverse nature, des dents,
crochets, tubercules, disques entourés de pointes radiées, en un mot,
des appendices très variés qui caractérisent certains types. On a signalé
aussi d'autres types portant des appendices ayant la forme de longues
soies rigides et constituant autour de l'animal un revêtement complet.
Ce sont des soies immobiles et nullement vibratiles ; la nature de ce
revêtement a, d'ailleurs, été contestée, et nous verrons, en effet, que
'on doit considérer ces appendices comme purement accidentels. De
sorte que la définition des Grégarines subsiste comme des organismes
n'ayant jamais de cils vibratiles, ainsi que nous en avons vu chez les
Infusoires ciliés, cilio-flagellés et flagellés.

Si la forme extérieure peut se modifier dans certaines circonstances,
elle peut même se modifier jusque dans sa constitution intime ; de sorte
que parmi les couches d'enveloppe, on peut quelquefois distinguer des
fibres longitudinales et, plus souvent, transversales, plus ou moins
analogues à celles que nous avons trouvées chez plusieurs Infusoires
ciliés et que nous avons comparées aux fibres contractiles. Mais il
n'est pas certain qu'elles jouent le même rôle chez les Grégarines.

De plus, cette cellule grégarinaire se reproduit, mais jamais par des
phénomènes aussi simples que les cellules ordinaires ou, même, les
Iufusoires ciliés ou flagellés, c'est-à-dire par division, ordinairement
transversale, en deux autres cellules. Les Grégarines ne se multiplient
jamais par simple division, leur propagation s'accompagne, au contraire, de phénomènes excessivement compliqués et que nous étudierons avec détail.

Enfin, ce sont des animaux constamment astreints à la vie parasitaire : ils ne présentent jamais, à l'état adulte, une phase d'existence
libre dans le monde ambiant ; que si, quelquefois, leurs propagules

peuvent y paraître, ils ne font jamais que le traverser, et c'est dans l'intérieur des Invertébrés que se passe presque toute leur existence.

Quelques espèces sont complètement inertes et immobiles, dans toutes les phases de leur existence. D'autres, au contraire, ont des mouvements plus ou moins prononcés, et nous verrons plus tard quel est l'agent spécial de ces mouvements.

Avant d'entrer dans l'étude plus approfondie de ce groupe, il est utile de jeter un coup d'œil général sur la marche de nos connaissances relatives à ces organismes.

Les Grégarines, au moins d'après ce que l'on sait aujourd'hui sur les auteurs qui les ont mentionnées les premiers, ont été vues, pour la première fois, par F. Cavolini, (*Mémoire sur la génération des Poissons et des Crustacés*, édition italienne, 1787-1789) dans les appendices de l'estomac d'un Crustacé, un Crabe, le *Cancer depressus*. Cavolini a figuré les tubes appendiculaires de cet estomac avec les Grégarines qu'ils renferment. (Voir la traduction allemande de Zimmermann, 1792).

Ensuite, elles ont été observées, dans le premier quart de ce siècle, par Ramdohr et par Gæde, entomologistes allemands, qui ont fait des travaux nombreux sur l'anatomie des Insectes et qui, dans le cours de ces travaux, ont rencontré des Grégarines, car les Insectes sont une des classes d'animaux qui renferment le plus de ces parasites.

Le même fait s'est présenté pour notre célèbre entomologiste Léon Dufour, qui a passé toute sa vie à disséquer des Insectes et a trouvé ainsi un grand nombre de formes de Grégarines (voir les *Annales des Sciences naturelles* de 1826 à 1837). Il a décrit et figuré diverses formes de Grégarines ainsi observées chemin faisant. C'est même Léon Dufour qui a donné à ces organismes le nom de Grégarines, du mot *grex*, troupeau, parce que c'est par troupes plus ou moins nombreuses qu'on les trouve ordinairement réunies dans le tube intestinal. Léon Dufour se trouvant, pour la première fois, en présence d'organismes qui lui étaient inconnus, chercha à les classer et en fit des Vers voisins des Distomes ou Douves; il leur décrivit même une bouche, située comme chez certains Distomes, vers la partie moyenne du corps. Cet espace clair central qu'il prit pour une bouche, c'est le noyau. Il est curieux que la même erreur ait été commise par Cavolini, dont Léon Dufour ignorait la découverte. Cavolini a considéré aussi les Grégarines comme des Vers, et, les trouvant placées à la suite l'une de l'autre, il a cru voir un petit Tænia composé de deux articles, dont chacun aurait une bouche. C'étaient les noyaux des deux Grégarines placées l'une devant l'autre.

En 1837, Siebold prenait encore les Grégarines pour des œufs d'Insectes, près de dix ans après L. Dufour, dans son Mémoire sur les spermatozoïdes des Invertébrés (*Arch.* de Müller, 1837); il parle incidemment, dans une note, de Grégarines, qu'il considère comme des œufs d'Insectes. Cependant, il n'a pas tardé à reconnaître son erreur, et, en 1839, dans ses *Contributions à l'histoire des Animaux invertébrés*, il les reconnaît pour des animaux. C'est même lui qui a signalé l'extrême intérêt que présente leur étude. Aussi, est-ce à cette époque que les travaux se multiplient, et l'on peut en citer un grand nombre dus à Henle, Kölliker, Meckel, Frantzius, Stein. etc.—Stein, avant de s'occuper de ses vastes travaux sur les Infusoires, était un entomologiste très distingué, et s'était beaucoup occupé de l'anatomie des Insectes. Il a indiqué ainsi pas moins de 68 espèces de Grégarines. Frantzius, comme Stein, a trouvé des Grégarines chez les Myriapodes ; mais Siebold est le premier qui, depuis Cavolini, les ait observées chez les Crustacés : il en a trouvé une belle espèce dans la Crevettine d'eau douce, le *Gammarus pulex*. Léon Dufour avait décrit une espèce dans le Lombric terrestre, sous le nom de *Proteus tenax*. Kölliker en avait signalé beaucoup dans un grand nombre de Vers de la côte napolitaine.

Stein et ses devanciers connaissaient au moins quatre-vingts espèces de Grégarines, et, depuis cette époque, ce nombre n'a fait que s'accroître. Nous verrons, quand nous traiterons des conditions de leur existence, pourquoi on trouve des Grégarines dans certains Insectes, tandis que chez d'autres on n'en rencontre jamais.

A une époque plus rapprochée de nous, un grand nombre de natura
listes se sont occupés aussi de la structure et du développement des
Grégarines, questions sur lesquelles Stein, en 1848, avait déjà jeté une
vive lumière.

Nous trouvons d'abord un mémoire très intéressant de Lieberkühn,
écrit en français, pour concourir à un prix institué par l'Académie des
Sciences de Belgique, (*Mémoires couronnés* de cette Académie,
1854). C'est la monographie d'une espèce de Grégarine du Lombric
terrestre, indiquée antérieurement par Léon Dufour, Henle, Stein.
Nous verrons quelle est l'idée qu'il s'est faite de l'évolution de cette
espèce, idée adoptée depuis par beaucoup de naturalistes, qui n'ont pas
cherché à la vérifier, mais critiquée depuis peu par M. Aimé Schneider,
professeur à la Faculté des Sciences de Poitiers. (Thèse pour le
doctorat ès sciences naturelles (1875). Nous aurons, en effet, à revenir
sur ce sujet.

Après Lieberkühn, nous trouvons Ed. van Beneden, qui a publié une
petite monographie sur une espèce trouvée par lui chez un Crustacé,
la Grégarine géante du Homard, laquelle ne mesure quelquefois pas
moins de seize millimètres et qui, par conséquent, est, non seulement
la plus grande espèce de Grégarine que l'on connaisse, mais encore le
plus grand des Protozoaires.

Ray Lankester, dans un travail sur les Grégarines ou *Monocystis* du
Lombric et du Siponcle *(Quart. Journ. of. Micr. Sc.*, 1866 et 1872) est
généralement favorable aux idées de Lieberkühn, qui sont aussi celles de
Van Beneden. Enfin, se présente un mémoire beaucoup plus important
que les précédents, la thèse de M. Aimé Schneider, dont nous venons
de parler plus haut. C'est une monographie du groupe tout entier des
Grégarines, non seulement au point de vue de leur structure, de leur
organisation et de leur développement, mais encore relative à la description d'un grand nombre d'espèces nouvelles. Mais elle ne donne
pas de classification de ces êtres, l'auteur trouvant ces essais de classification encore prématurés.

Le dernier mémoire, ou le plus récent, que je citerai, est de Bütschli

(*Arch.* de Siebold et de Kölliker, T. XXXV, 1881). C'est un travail approfondi ; et, en effet, c'est là le point faible de la plupart de ces études : beaucoup d'auteurs ont vu, mais ont vu superficiellement. Bütschli s'est attaché à examiner avec attention certains points de l'histoire de ces animaux, et c'est à quoi il a consacré ce mémoire.

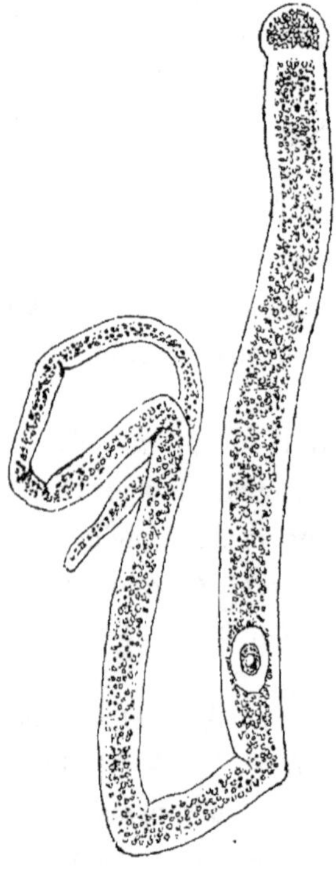

F G. 1. — *Gregarina gigantea*, d'après E. van Beneden.

Fig. 2. — Céphalin du *Gencio-rhynchus Monnieri* (d'après A. Schneider).

Dans cette énumération, je n'ai cité que les travaux principaux et j'ai passé sous silence ceux dans lesquels il n'est question des Grégarines que d'une manière incidente. P. Hallez en a décrit plusieurs formes dans la *Planaria fusca (Contribution à l'histoire naturelle des Turbellariés*, 1879), et A. Giard, dans une Ascidie composée, l'*Amaroecium punctum.*

Ajoutons encore des observations de Gabriel, qui eut des idées très singulières sur tous les points. D'ailleurs, nous ne connaissons qu'une ou deux communications préliminaires (*Zoologischer Anzeiger*, 1880). Gabriel, qui malheureusement est mort depuis, a proposé une classification des Grégarines, basée, non plus comme celle de ses devanciers, sur la morphologie, mais sur l'histoire du développement. Mais comme l'histoire du développement des Grégarines n'est connue que d'une façon assez sommaire, on trouve dans ce travail des idées très singulières et très éloignées de celles qui sont généralement reçues, non-seulement à propos des Grégarines, mais encore à propos du groupe entier des Protozoaires.

Après ce court exposé historique sur cette famille, nous avons à rechercher d'une manière générale, mais cependant suffisamment approfondie, quels sont les caractères des Grégarines qui, depuis 1845, avaient déjà été assimilées par Kölliker à de simples cellules, comme tous les Protozoaires, car Kölliker et Siebold sont les principaux champions de la doctrine de l'unicellularité des Protozoaires, doctrine adoptée ensuite par presque tous les naturalistes.

La forme extérieure de ces êtres est celle d'un sac allongé, cylindrique, plus ou moins long, formé par une enveloppe close de toutes parts, sans ouverture aucune et, par conséquent, sans bouche ni anus, sans trace de tube digestif. Les Grégarines se nourrissent donc par endosmose, comme de simples cellules, à travers la paroi qui forme l'enveloppe du corps. Ce sac présente une longueur variable et peut atteindre, comme nous l'avons dit, jusqu'à seize millimètres. D'autres espèces ne mesurent que quelques centièmes de millimètre.

Dans la plupart des espèces, ce sac ou tube subit, à sa partie antérieure, un étranglement qui sépare, en avant, un petit segment tantôt hémisphérique, tantôt en forme de cou plus ou moins allongé. Ce petit segment antérieur est ce que Stein désigne sous le nom de *tête* ou partie céphalique; le reste est le *corps*. Telles sont les désignations qu'emploient les auteurs allemands. Cette cloison transversale qui divise la cellule en deux parties a été observée, pour la première fois, par Stein , et c'est lui qui a proposé les termes pour désigner les différentes parties. Quelquefois , il y a deux cloisons , de sorte que le corps est divisé en trois segments. Les Grégarines ainsi divisées en plusieurs cavités sont réunies dans le groupe des *Polycystidées* , par opposition aux *Monocystidées* qui n'ont qu'une cavité intérieure. Ces dénominations de Stein ont été généralement adoptées et acceptées par les auteurs, jusqu'au moment où M. A. Schneider a publié sa thèse , dans laquelle il propose de nouvelles dénominations. Quand la Grégarine présente trois segments , et c'est le nombre maximum , ces segments sont désignés par lui, d'avant en arrière , par les noms d'*épimérite* , *protomérite* et *deutomérite*. Quand il n'y a que deux segments , c'est le segment antérieur ou épimérite qui manque ; c'est lui qui peut se surajouter aux autres ou s'en séparer , et c'est lui qui porte ces appendices divers , crochets , disques étoilés , etc. , dont nous avons parlé. Ces appendices rappellent beaucoup les organes de fixation qu'on trouve chez quelques Vers intestinaux , chez les Échino-rhynques , et c'est pour cela que certains auteurs anciens avaient pris les Grégarines pour des Vers intestinaux.

Quant aux appendices consistant en des poils ou soies raides qui forment un revêtement à l'animal tout entier, comme on l'a observé chez quelques individus de la Grégarine ou *Monocystis* du Lombric , par exemple , Stein et Lieberkühn les ont considérés comme normaux ; mais Lieberkühn avait admis que l'animal pouvait subir une mue, parce qu'il avait vu souvent des Grégarines de cette espèce libres et nues dans leur enveloppe villeuse. M. Schneider doute beaucoup de la réalité de cette mue, et il a raison , mais il ne sait comment l'interpréter. Cependant, Adolf Schmidt l'avait déjà expliquée, en 1854, dans un très bon travail sur ce *Monocystis*. Il avait très bien vu ce qui se passe dans ce cas. Cette Grégarine vit dans le testicule du Ver de terre, à l'intérieur des cellules où se développent les spermatozoïdes. Or , on sait que pendant le développement des spermatozoïdes, chez presque tous les animaux , et notamment chez le Lombric , on trouve des vésicules claires qui portent à leur surface des cellules filles nées par bourgeonnement ; c'est dans ces cellules que se trouvent les jeunes Grégarines. En grandissant, les spermatozoïdes leur forment une enveloppe villeuse qui n'appartient pas au tégument de la Grégarine, et qui lui appartient même si peu, que quand celle-ci est complètement développée, elle la rejette. C'est ce qu'avait vu Lieberkühn, et ce qu'il avait pris pour une mue.

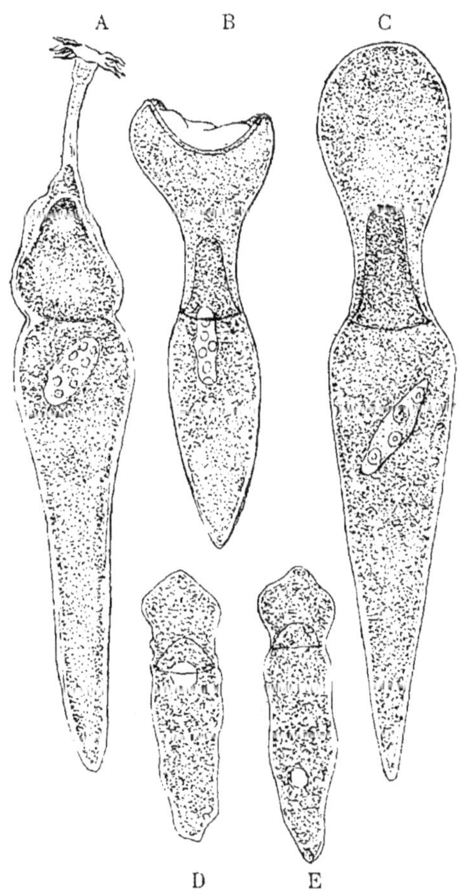

Fig. 3. — A, Céphalin de l'*Hoplorhynchus oligacanthus*; — B, C, *Bothryopsis histri*
— D, E, *Dufouria agilis*, d'après A. Schneider.

Les Grégarines présentent, quand on les examine au microscope,

certains phénomènes qui jettent un grand jour sur leur vie normale.
D'après M. Schneider, en examinant la partie antérieure, par exemple,
de certaines Grégarines munies d'appendices, dents ou crochets,
comme l'*Actinocephalus Dujardini*, qui porte un disque entouré de
dents, on peut voir l'animal se dépouiller de son disque, qui tombe
avec l'épimérite. Cela paraît être une mutilation volontaire, comme dit
M. Schneider, de l'animal qui continue à se mouvoir, comme s'il n'avait
subi aucune modification. La place se cicatrise et l'animal prend une
forme beaucoup plus arrondie. Or, cette mutilation à laquelle on assiste,
paraît se produire dans la vie normale de l'animal, qui comprendrait
dès lors deux phases : une première phase avec l'appareil fixateur, et
une seconde phase sans cet appareil. Pendant la première, l'animal
s'attache à la paroi des organes, du tube intestinal, etc., et reste complètement immobile. Puis, il se débarrasse de cette partie avec son
épimérite, prend une forme plus arrondie et devient errant dans la
cavité du corps de l'hôte qu'il habite. M. A. Schneider, qui, le premier,
a distingué ces deux phases et les deux formes qui les caractérisent,
désigne sous les noms de *céphalin* la forme stationnaire munie de
l'appareil fixateur (Fig. 2 et 3, A), et de *sporadin*, la forme libre dé-
dépourvue de cet appareil. La partie qui se détache n'est pas seulement
l'appareil lui-même, mais l'épimérite qui se sépare en totalité ou en
partie, laissant un petit cône qui se confond bientôt avec le protomérite. Ainsi, pour connaître la forme réelle d'une Grégarine, il faut la
connaître à l'état de céphalin, c'est-à-dire complète.

Jusqu'à une époque toute récente, on ne connaissait l'état sédentaire que chez les Polycystidées, munies d'appareil fixateur. Bütschli a
signalé un état sédentaire chez une Monocystidée ou Grégarine à un
seul segment. C'est une Grégarine du Lombric (*Monocystis magna*),
qui atteint jusqu'à cinq millimètres de longueur. Pendant le jeune âge,
cette Grégarine vit la tête enfermée dans les cellules épithéliales du
testicule du Lombric. Ces cellules épithéliales sont de deux sortes,
quoique toutes vibratiles : les unes sont de petites cellules formant une
couche continue : les autres sont des cellules caliciformes saillantes

au-dessus de celles-ci. C'est dans ces dernières que la Grégarine enfonce sa tête, pendant que son long corps sort et pend dans la cavité du testicule. Plus tard, elle se détache et vit libre dans cette cavité.

Il y a des espèces qui vivent associées par couples à côté d'autres individus solitaires ; il en est qui sont toujours accouplées. Les deux individus peuvent être fixés l'un à l'autre par des extrémités semblables, la tête toujours : elles sont alors dites en *apposition*. C'est un mode fréquent chez les Monocystidées. Stein avait vu cette réunion chez une Grégarine du Lombric, et avait pris le couple pour un animal unique ; il avait fait de ces formes le genre *Zygocystis* (*Z. cometa*). M. Schneider a observé aussi, chez la *Blatta laponica*, une Grégarine monocystidée en apposition, le *Gamocystis tenax* (1). Chez les Polycystidées, la réunion a lieu par des extrémités dissemblables, la tête d'un individu à la partie postérieure de l'autre, en *opposition* (Fig. 4.). Stein avait fait de ces Grégarines, qui vivent toujours deux à deux, le type du genre *Gregarina*, prenant l'état de réunion pour l'état normal : exemple : *G. ovata* du Perce-oreille.

Quand les individus sont réunis par la tête, en apposition, ils sont toujours immobiles ; mobiles, et souvent même très mobiles, comme s'ils étaient isolés, quand ils sont réunis en opposition. M. A. Schneider pense que les Grégarines réunies ainsi, en opposition ou en apposition, finissent ordinairement par se séparer au moment de la reproduction,

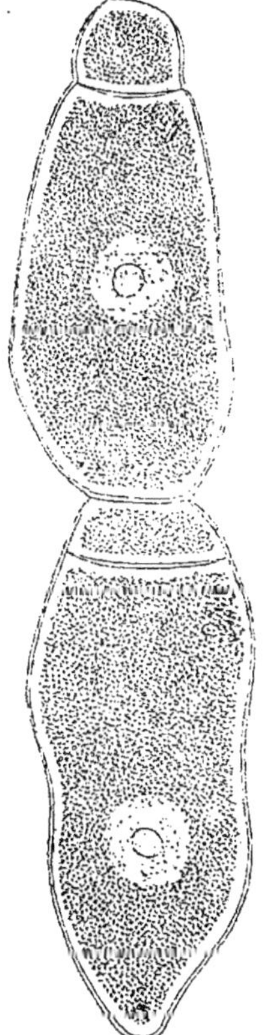

Fig. 4. — *Clepsidrina Blattarum*, individus en opposition (d'après A. Schneider).

(1) A. Schneider a reconnu depuis que les deux individus de *Gamocystis* sont placés en opposition comme chez les *Clepsidrina* et autres genres. (Voy. *Archives de Zool. expér.*, t. X, p. 443. 1882).

et que chaque animal se reproduit alors isolément et pour son compte, dans son kyste ; de sorte que le fait même de la réunion deux par deux lui offre une signification inconnue au point de vue physiologique. D'après les observations de Bütschli, il paraît que c'est une véritable conjugaison, une réunion qui commence de très bonne heure dans le jeune âge ; les individus réunis finissent par s'envelopper d'un kyste commun, dans l'intérieur duquel leur substance se mélange. Le phénomène peut donc être considéré comme une reproduction sexuelle. M. A. Schneider ne nie pas que plusieurs individus puissent se réunir dans un même kyste, mais il pense qu'ils étaient d'abord séparés, avant de se réunir dans le kyste commun.

Outre ces deux groupes des Monocystidées et des Polycystidées, Stein en a admis un troisième, celui des Didymophyides composé de Grégarines présentant une seule tête, deux corps et deux noyaux, c'est-à-dire trois cavités et deux noyaux. Mais Kölliker et M. Schneider ont reconnu que ce n'est pas une forme typique ni générique, mais un mode d'agrégation particulier de deux individus, l'individu postérieur refoulant avec sa tête la partie postérieure de l'animal antérieur, s'invaginant, pour ainsi dire, dans son intérieur et simulant une sorte de cloison. Il en résulte un ensemble qui paraît contenir trois cavités et deux noyaux. C'est le genre *Didymophyies*, de Stein, qu'il faut supprimer. D'ailleurs ces espèces n'ont jamais été rencontrées depuis.

II

Abordons maintenant l'étude de la structure intime ou de l'histologie des Grégarines.

Les anciens auteurs, et Stein en 1848, ne distinguaient, dans les Grégarines, que deux parties, une paroi et un contenu. La paroi est formée, suivant Stein, par une membrane simple et facilement perméable. En effet, cet auteur remarque que toutes les Grégarines, placées au contact de l'eau, se gonflent par absorption du liquide et finissent par éclater. Le contenu est une substance albumineuse, renfermant un grand nombre de corpuscules foncés, à double contour, de forme et d'aspect variables d'une espèce à l'autre et tellement abondants qu'ils donnent à l'animal une couleur laiteuse ou crayeuse. Stein nie l'existence de muscles et de nerfs, et explique les mouvements qu'exécutent les Grégarines par des contractions de la substance centrale du corps. Il s'était donc fait de ces animaux une idée très simple, celle d'une simple cellule.

En 1853, le professeur J. Leidy, naturaliste américain, qui s'est beaucoup occupé des Protozoaires, distingue, entre la membrane d'enveloppe et la substance centrale, une couche spéciale qu'il décrit comme striée longitudinalement, et qu'il appelle *couche musculaire*; Leuckart, rendant compte du travail de Leidy dans un des ses *Berichto* annuels de l'*Archiv für Naturgeschichte* (1848-1853), dit qu'il a réussi à confirmer cette observation, mais attribue à la striation une autre signification. Pour lui, elle représenterait un plissement de la tunique, c'est-à-dire serait l'indication d'un état passager. Cette interprétation est confirmée par Ray Lankester et E. van Beneden, qui, tous deux, confirment l'existence de cette couche, mais lui donnent une autre signification que Leidy.

En 1872, E. van Beneden fait un pas de plus dans la connaissance des Grégarines, en étudiant la Grégarine géante du Homard. Il place une nouvelle couche entre la membrane externe et la masse centrale, couche qu'il considère comme la véritable couche musculaire des Grégarines, mais qui n'est point la couche de Leidy, et se trouve entre cette dernière et la membrane extérieure.

Stein n'admettait donc que deux éléments, la membrane d'enveloppe et la masse centrale. Leidy découvre, entre ces éléments, une couche qu'il considère comme musculaire, couche que Leuckart, Ray Lankester et E. van Beneden reconnaissent, mais dont ils attribuent la striation à un plissement et non à des fibrilles. Puis, E. van Beneden décrit une autre couche intermédiaire, sous-cuticulaire, très mince ou à peine plus épaisse que la cuticule homogène, transparente et présentant des fibrilles transversales très réfringentes. Ces fibrilles forment des anneaux séparés ou une spirale autour du corps de la Grégarine. et elles apparaissent quelquefois, notamment dans les grandes espèces, avec autant de netteté que la striation des fibres musculaires des Articulés et des Vertébrés. Pour E. van Beneden, cette striation transversale ne serait pas due à des plissements. mais correspondrait à de véritables fibrilles qui seraient situées dans la couche sous-cuticulaire. Il décrit chaque fibrille comme formée de petits corpuscules allongés transversalement. rapprochés les uns des autres et constituant ainsi des anneaux circulaires. Mais la constitution intime de chaque fibrille ne peut être décelée que par de très forts grossissements. En somme, il compare ces fibrilles à celles que l'on observe, tantôt transversales, tantôt longitudinales, chez un grand nombre d'Infusoires ciliés et qui sont considérées comme des fibres contractiles; et il établit une grande analogie de structure entre les Grégarines et les Infusoires. trouvant, chez les uns et les autres, une cuticule, une couche striée musculaire, une couche de Leidy, qu'il désigne sous le nom de couche corticale, puis, la masse interne correspondant au parenchyme des Infusoires.

Cette interprétation, faite par E. van Beneden, des fibres annulaires des Grégarines n'a pas eu l'approbation de Ray Lankester ni de A. Schneider. Suivant Ray Lankester, ces fibres contractiles ne seraient que des épaississements ou saillies circulaires de la cuticule, d'après ses observations sur la Grégarine du Siponcle. Quant à A. Schneider, il ne partage pas non plus l'opinion de E. van Beneden, mais nous devons auparavant exposer ce que dit A. Schneider sur l'organisation des Grégarines, car c'est l'auteur qui les a le mieux étudiées et avec le plus de soin.

Il distingue quatre parties différentes auxquelles il donne des désignations nouvelles. Ce que tous les auteurs appellent cuticule est pour lui l'*épicyte;* c'est l'enveloppe de la cellule, sans structure, transparente, quelquefois assez épaisse pour montrer un double contour, et présentant souvent ce que Schneider appelle des stries d'ornement. Ce sont des stries très fines, très serrées, parcourant longitudinalement, quelquefois, mais plus rarement obliquement, l'enveloppe de l'animal. Pour cet auteur, ce sont de simples dispositions ornementales sans signification physiologique. L'épicyte est une membrane azotée, soluble dans l'acide acétique et dans les alcalis. Au-dessous, est le *sarcocyte,* le parenchyme cortical de van Beneden, la couche de Leidy, substance formée par une matière consistante, homogène ou finement granuleuse. Cette couche n'est pas constante; elle peut manquer chez diverses Grégarines, et généralement dans le segment postérieur du corps.

Puis, vient la couche que Schneider indique sous le nom de couche fibrillaire. Ces fibrilles, annelées, spirales, quelquefois anastomosées en réseau à mailles allongées transversalement, seraient placées dans la couche corticale et formeraient avec elle une seule et même couche. Elles ne sont pas non plus un élément constant et manquent chez beaucoup de Grégarines. Elles représentent évidemment ce dont E. van Beneden fait des éléments contractiles. Nous avons vu que Ray Lankester ne veut y voir que des épaississements ; la manière de voir de Schneider se rapproche beaucoup de celle de Ray Lankester : il ne la considère pas non plus comme contractile, mais pense qu'elle forme comme un appareil de soutènement ou un squelette élastique qui maintient le corps et l'empêche de s'affaisser. En effet, il donne des raisons très admissibles : elle ne joue pas le rôle d'un élément contractile, car elle

manque chez les Grégarines les plus agiles ; ces espèces, qui manquent de fibrilles, et même de couche corticale, sont précisément les
plus actives, celles qui changent de forme à chaque instant, par
exemple, le *Bothryopsis histrio* des Coléoptères aquatiques. (Fig. 3,
B, C).

Il y a aussi des Grégarines qui présentent des dispositions inverses, c'est-à-dire qui montrent tous les détails des fibrilles d'une
manière très nette, par exemple, le *Clepsidrina Munieri,* et qui n'ont,
au contraire, que des mouvements très lents, quelquefois nuls. D'autres
fois encore, le protomérite, c'est-à-dire la partie qui le plus souvent
est munie de la couche fibrillaire, reste immobile, tandis que le deutomérite, dépourvu de fibrilles, est actif.

M. A. Schneider distingue, dans la structure des Grégarines, quatre
types différents.

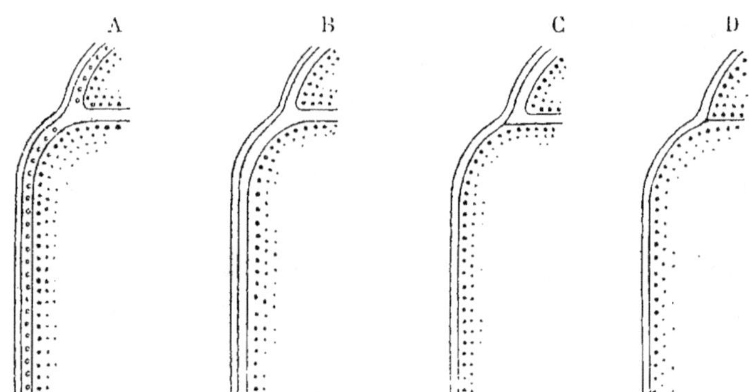

Fig. 5. — Figures schématiques des quatre types de structure, d'après A. Schneider.

Dans un premier type, (Fig. 5, A) on reconnaît les deux couches :
épicyte et sarcocyte avec fibrilles annulaires dans les deux segments.
C'est une couche de sarcocyte pur qui forme la cloison, tantôt simple,
tantôt double, qui sépare le corps de la Grégarine en épimérite, protomérite et deutomérite. La cloison ne renferme jamais de fibrilles,
— ce que E. van Beneden avait déjà signalé (*Clepsidrina Munieri*).

Dans un deuxième type , (B),on trouve les mêmes couches , mais les fibrilles manquent. Tel est le *Genciorhynchus Monnieri*, des larves des Libellules. (Fig. 2.)

Un troisième type (C) présente les mêmes caractères dans le segment antérieur, mais dans le segment postérieur on ne reconnaît que la cuticule et la masse centrale (*Stylorhynchus*, etc.)

Enfin, dans le quatrième type (D), il y a absence complète de sarcocyte, dans le protomérite comme dans le deutomérite, et l'épicyte ou cuticule s'applique partout sur la masse interne. La cloison est ici membraneuse, très mince, quelquefois très flasque, presque flottante, s'élevant comme un diaphragme. Il est probable qu'elle est alors formée par un prolongement de la cuticule. Tels sont les *Actinocephalus Dujardini. Dufouria agilis*(Fig. 3, D. E.), etc.

Examinons maintenant la structure de la masse centrale , que Stein appelle tout simplement le contenu , le parenchyme médullaire de E. van Beneden, l'*entocyte* de Schneider, — et à propos de ce dernier, je ne puis m'empêcher de faire remarquer que ces nouvelles dénominations étaient inutiles , car elles désignent des parties que nous connaissons chez d'autres Protozoaires : l'épicyte est la membrane d'enveloppe, la cuticule que l'on trouve chez les Infusoires, les Rhizopodes , etc., le sarcocyte est l'ectosarc ou ectoplasme, l'entocyte est l'endosarc ou endoplasme. Il n'était donc pas utile de créer de nouveaux noms quand il en existait déjà qui s'appliquaient fort bien.

L'entocyte renferme deux parties : d'abord , des granulations très abondantes , sphériques ou irrégulières , très réfringentes qui , dans certaines situations du microscope , présentent un double contour , par exemple , quand on ajuste le foyer sur un point de la périphérie. Ce caractère optique avait conduit Stein à voir dans les granules des globules graisseux. Ceux-ci, très abondants, donnent quelquefois à l'animal une apparence laiteuse et même peuvent le rendre aussi opaque que la craie. Outre ces corpuscules, l'entocyte renferme un liquide qui tient les granules en suspension. C'est le *métaplasme* de Schneider et c'est lui qui jouerait peut-être le rôle contractile. Cette interprétation mérite, en effet, d'être vérifiée.

Antérieurement à Stein, Henle croyait que les granulations étaient formées par des sels de chaux : il les avait vues entrer en effervescence avec l'acide sulfurique, (ce qui doit être une erreur). Bütschli a publié un travail spécial (*Arch. f. mikr. Anat.* 1870) sur ce sujet et sur les granules de certains Infusoires parasites. Il a reconnu qu'ils sont insolubles dans les acides organiques, même forts, et dans les acides minéraux faibles, mais très solubles dans les acides minéraux concentrés ; — insolubles dans l'alcool, l'éther, et le mélange de ces deux liquides, même à chaud. Mais ils sont très rapidement solubles dans les solutions alcalines : les granules se gonflent et disparaissent complètement ou presque complètement. L'iode donne la réaction la plus caractéristique : les granules prennent une teinte rouge brun, vineuse ou violacée, et avec l'acide sulfurique passent au bleu violet. Bütschli en conclut qu'il s'agit là d'une substance animale, *amyloïde,* substance azotée, mais qui présente quelques réactions de l'amidon. Ces substances amyloïdes, dont l'origine est ordinairement pathologique et se trouvent dans certaines dégénérescences du foie ou de la rate (Kühne et Rudnew), — ainsi que leur coloration en violet ou en rouge brun par l'iode, étaient déjà connues : moi-même et Leidy les avions signalées, il y a longtemps.

Il y a des Grégarines qui, sans l'emploi des réactifs, sont très colorées, en jaune, rouge, orange, etc. — Ce n'est pas la couleur naturelle de l'animal, mais le résultat d'une imprégnation par une matière colorante qui se trouve dans l'intestin de l'hôte. Ainsi, il y a un Chrysomélien, le *Timarcha tenebricosa,* dont l'intestin est imprégné d'une matière colorante rouge ou orangée. Cet insecte héberge une Grégarine, le *Clepsidrina Munieri,* que l'on trouve alors colorée en rouge ou en orange.

Une autre Grégarine, très connue, se trouve à volonté dans les vers de farine, c'est-à-dire les larves du *Tenebrio molitor,* insecte qui infeste toutes les boulangeries mal tenues ; c'est une

Grégarine très curieuse, le *Clepsidrina polymorpha*, qui a absolument la forme d'un canon. Elle présente deux parties, un protomérite qui forme la bordure de la gueule du canon et qui renferme à peine quelques granules, et un deutomérite qui représente tout le corps du canon et la culasse, et qui contient, au contraire, un si grand nombre de granulations qu'il est opaque et crayeux.

Un élément constant est le noyau. Les premiers observateurs avaient vu ce noyau, mais sans l'interpréter. Cavolini l'avait signalé, mais l'avait pris pour la bouche. L. Dufour l'avait vu, mais avait commis la même erreur, le prenant aussi pour la bouche d'un Distome. Kölliker l'a reconnu comme noyau de cellule, ce qui l'a conduit à considérer les Grégarines comme des cellules simples. Il en est de même de Stein, qui, en raison du volume de ce noyau, le compare à la vésicule germinative de l'œuf. Mais il refuse, néanmoins, de voir dans les Grégarines de simples cellules, à cause des cloisons qui les segmentent, et qu'on ne voit jamais dans les cellules ordinaires. Aujourd'hui, ce ne serait pas une raison, car les cellules des Protozoaires s'éloignent des cellules simples par bien d'autres caractères, ce qui n'empêche pas qu'on les regarde généralement comme des cellules simples. Ce noyau est toujours situé dans le deutomérite ou deuxième segment du corps. Quelquefois, il est très rapproché de la cloison du protomérite, mais il ne la franchit jamais, circonstance déjà observée par Stein.

Les Grégarines n'ont ordinairement qu'un seul noyau, mais on a décrit des Grégarines sans noyau et d'autres avec deux noyaux. C'est Stein qui a signalé ces dernières, et qui a décrit les Didymophyies, Grégarines qui ont une tête et deux cavités abdominales dont chacune renferme un noyau. Nous avons dit que ce n'est pas un animal, mais deux animaux réunis et dont l'un emboîte sa partie antérieure dans la partie postérieure de l'autre. Stein a décrit le *Didymophyies gigantea*, dont les deux segments n'ont pas de noyaux, puis, le *D. paradoxa* qui possède deux noyaux. Ces deux noyaux appartiennent à deux individus réunis bout à bout. Cependant quelques auteurs ont décrit des Grégarines de forme simple possédant deux noyaux.

La Térebelle, d'après Kölliker, contiendrait une *Gregarina Terebellæ* à deux noyaux. Leidy a vu aussi une Grégarine à deux noyaux chez un Myriapode, l'*Iulus marginatus*. Udekem a vu aussi deux noyaux chez le *Monocystis* du Lombric, et enfin, Schneider lui-même dit avoir rencontré quelques exemplaires de la Grégarine géante, de van Beneden, présentant aussi deux noyaux. Tous ces individus à deux noyaux peuvent être considérés comme des formes anormales ; comme règle générale, il n'y a qu'un noyau qui est placé dans le segment postérieur.

La forme ordinaire du noyau est sphérique, ovoïde, elliptique ; sa membrane paraît élastique ; il est flottant dans la mase du corps et se déplace suivant les mouvements de l'animal. Presque toujours, il est muni d'un nucléole central. C'est un nucléole histologique ordinaire ; l'*endoplastule* des Infusoires n'existe pas chez les Grégarines. Le nucléole est ordinairement simple, sphérique, quelquefois multiple, (*Bothryopsis*, *Geneiorhynchus*). Si l'on suppose les nucléoles très nombreux, très petits, on arrive à une sorte d'amas de granulations très fines, figurant comme une poussière au centre du noyau. (*Actinocephalus*). On trouve des variations analogues dans les cellules ordinaires, notamment dans les œufs, et cela, non seulement entre des œufs de même âge, mais entre des œufs d'âge différent (Auerbach). Mais E. van Beneden a fait, relativement au nucléole, une observation bien plus intéressante : il a vu que, chez le même animal, le nucléole se transforme incessamment.

Ainsi, la Grégarine géante possède à un moment donné un gros nucléole ; un moment après, il apparaît dans le noyau des corpuscules qui grossissent à vue d'œil, pendant que le nucléole s'efface et finit par disparaître, remplacé par un plus ou moins grand nombre de corpuscules, dont les uns prennent le même volume que le nucléole disparu, tandis que les autres s'effacent. Il y a même un stade où le noyau paraît complètement dépourvu de nucléole. Ed. van Beneden a vu toutes ces variations se produire dans l'espace de vingt-cinq minutes.

Ce sont là des phénomènes histologiques très curieux, et il paraît

que des faits analogues d'apparition et de disparition de nucléoles ont
été observés par un observateur russe, Svierczewski, dans les cellules
ganglionnaires de la Grenouille (*Med. Centralblatt*, 1869).

En dehors du noyau, la masse centrale ne renferme aucun autre
élément défini : pas de vésicule contractile, — ce qui différencie les
Grégarines des autres Protozaires, les Infusoires et les Rhizopodes, par
exemple, chez qui les vésicules contractiles sont ordinaires. Quelle
que soit la fonction qu'on attribue à ces vésicules, il faut admettre que,
chez les Grégarines, cette fonction s'exerce par la peau, qui respire,
excrète, absorbe, car elles sont dépourvues de tout appareil digestif.
Ce sont donc les Protozaires les plus simples, puisque la seule différenciation qu'on remarque dans leur corps se réduit, chez certaines
espèces, à une division du contenu en deux ou trois parties, par une
ou deux cloisons.

Jetons un coup d'œil rapide sur la façon dont s'accomplissent les
fonctions de la vie animale, sensibilité et mouvements. Ces fonctions ne
manquent pas : les mouvements sont, souvent même, assez énergiques
Cependant, ils diffèrent beaucoup, au point de vue de la vivacité, suivant la période de la vie de l'animal. On sait que les Grégarines passent une partie de leur existence fixées à la paroi des organes de leur
hôte. Pendant ce temps, elles n'exécutent que quelques très légers
mouvements volontaires, mais elles sont beaucoup plus actives quand
elles ont abandonné leur point d'appui et vivent libres dans le tube
intestinal ou la cavité du corps de l'hôte. Cependant, quelques-unes,
même dans cet état, paraissent absolument inertes, les *Zygocystis* et
les *Gamocystis*, par exemple, qui vivent réunies deux par deux.

A l'état solitaire, la plupart des Grégarines se meuvent, et même, quelquefois, avec beaucoup d'activité, comme le *Monocystis agilis*. Ce n'est
pas sans une certaine justesse que Stein les a comparées à des Euglènes
sans filament, en raison de leur contractilité. Les Polycystidées ont
aussi des mouvements très énergiques, mouvements de deux sortes :
un mouvement, très singulier, de translation totale, rectiligne, uniforme : l'animal paraît glisser tout d'une pièce sur le porte-objet. Il

peut aller à droite, à gauche, suspendre son mouvement, le reprendre ; il est libre de son allure. Ce mouvement peut être exécuté par des individus solitaires et par des individus associés. — Quelle est la cause de ce transport ? — Les auteurs l'ignorent absolument. C'est un de ces curieux mouvements durant lequel on ne voit rien se passer, soit à l'extérieur, soit à l'intérieur de l'animal. On sait que les Planaires et autres Turbellariés glissent ainsi d'un mouvement uniforme, mais ils ont des cils vibratiles sur toute la surface du corps ; chez les Grégarines, on n'en a jamais vu. Ray Lankester a parlé d'une ondulation imperceptible du sarcode ; mais ces animaux sont limités par une membrane qui n'a rien de sarcodique, car on y verrait adhérer les corpuscules ambiants, en raison de la nature glutineuse du sarcode. On sait que c'est aussi par des ondulations imperceptibles du sarcode qu'on a voulu expliquer le mouvement des Navicules, et comme les Diatomées sont limitées par une enveloppe solide, siliceuse, on a dit que, chez les Navicules, il y avait au fond du sillon médian une bande de sarcode nu, qui opérait des mouvements d'ondulation très rapides. Mais ce sont là de simples hypothèses. D'ailleurs, Schneider fait remarquer que, s'il se produisait des ondulations quelconques, on devrait observer un mouvement corrélatif dans les granulations intérieures ; or, c'est ce qu'on ne voit jamais. En réalité, la cause de ce mouvement de translation est aussi inconnue que le mouvement analogue des Diatomées.

La seconde sorte de mouvement qu'on remarque chez les Grégarines consiste en mouvements de contraction qui se passent dans le corps, quelquefois très actifs, vermiformes, à l'aide desquels, par exemple, elles se fraient un chemin à travers les matières de l'intestin, d'une manière qui paraît volontaire. Ces mouvements de contraction, très prononcés, donnent quelquefois à l'animal un aspect bizarre, c'est à quoi le *Bothryopsis histrio* doit son nom.

Quelquefois il se produit des inflexions brusques du corps : la partie postérieure se déjette tout-à-coup et s'aplatit contre la partie antérieure, et cela plusieurs fois de suite. Ces mouvements de contraction sont d'autant plus prononcés que la longueur du corps l'emporte sur la largeur. Chez la Grégarine du Homard, qui a jusqu'à 16^{mm} de long sur 0^{mm}15 de large, la cause de ces contractions est, pour E. van Beneden et Leidy, dans la couche contractile, ce que conteste Schneider, qui nie la nature contractile de cette couche et n'admet pas qu'elle puisse être la cause du mouvement. En effet, il n'a pas constaté ces anneaux contractiles chez une espèce des plus agiles, le *Bothryopsis histrio*. Ces fibres sont, au contraire, très prononcées chez le *Clepsidrina Munieri*, une des Grégarines les plus inertes qu'on connaisse. Il faut donc repousser l'explication de van Beneden et de Leidy. En somme, les auteurs ne sont pas plus d'accord sur la cause des mouvements de contraction que sur celle des mouvements de translation.

Il est assez singulier, à ce propos, de voir M. Schneider, qui nie la nature contractile de ces fibrilles et en fait de simples épaississements du sarcocyte, s'appuyer sur leur existence pour défendre l'animalité des Grégarines. Il semble qu'il ne devait pas invoquer cette raison, quand on sait qu'il y a, chez les végétaux, un grand nombre de vaisseaux à épaississements annelés, réticulés, spiralés. Il s'appuie, avec plus de raison, sur l'énergie des mouvements, par exemple, quand il y a cette contractilité brusque qui replie une partie du corps de la cellule contre l'autre.

Toutes les espèces de Grégarines vivent en parasites dans l'intérieur des animaux, mais il est remarquable qu'on n'a encore trouvé de véritables Grégarines que chez les Invertébrés. Les Vertébrés n'ont pas encore donné de vraies Grégarines, et elles sont remplacées chez eux par une autre forme de Sporozoaires, les Psorospermies oviformes ou *Coccidies*, qui ont une grande affinité avec les Grégarines, mais ne leur appartiennent réellement pas. Chez les Vertébrés, on trouve aussi une autre forme de Sporozoaires, celles qu'on appelle *Myxosporidies* ou Psorospermies des Poissons. Celles-ci ont des affinités beaucoup plus lointaines avec les Grégarines.

Enfin, on trouve aussi des Coccidies chez les Invertébrés. Ainsi, chez certains Mollusques céphalopodes et gastéropodes, on trouve des Psorospermies oviformes ou Coccidies, et par conséquent, ces êtres existent dans les deux embranchements des animaux, tandis que les Grégarines manquent chez les Vertébrés.

Chez les Invertébrés, même, les Grégarines ne sont pas uniformément répandues. Elles sont inconnues chez les Mollusques, — qui renferment, au contraire, des Coccidies, — on les trouve chez les Ascidies simples et composées, *(Ascidia mamillaris*, Kölliker ; *Amarœcium punctum*, Giard) ; mais c'est surtout chez les Vers qu'on les trouve en abondance, les Turbellariés, les Planaires, les Némertiens (Kölliker, A. Schneider), les Géphyriens. On les rencontre chez tous les Vers libres, rarement chez les Vers parasites. Ainsi, les Cestoïdes ou Tænias, les Acanthocéphales, les Trématodes ou Distomes, les Nématoïdes parasites ne présentent que très peu de Grégarines, et Aimé Schneider va même jusqu'à nier l'existence de ces Sporozoaires dans tous les Vers parasites.

Quant à moi, j'en connais deux exemples : l'*Oxyurus ornatus* des Batraciens, où une Grégarine a été signalée par Georg Walter (*Zeitschr. f. wiss. Zool.* t. IX, 1858), et l'*Echinorhynchus proteus* des Poissons d'eau douce, qui a fourni à M. Henneguy des Grégarines en voie de développement. Moniez en a trouvé aussi des kystes dans l'*Echinorhynchus proteus*. O. F. Müller, avait déjà signalé ce fait, quoiqu'il l'eût interprêté d'une manière inexacte.

Mais leur véritable domaine est le monde des Insectes, des Myriapodes et des Crustacés, bien qu'elles soient assez rares chez les Crustacés ; c'est cependant chez le *Cancer depressus*, que les Grégarines ont été observées pour la première fois par Cavolini. Siebold en a vu aussi une belle espèce dans un petit Crustacé commun, le *Gammarus pulex*, Lachmann dans le *Gammarus puteanus* et E. van Beneden a trouvé le géant des Grégarines dans le Homard. — Les Myriapodes sont une véritable mine de Grégarines et c'est chez ces animaux qu'elles sont le plus fréquentes. Ainsi, le *Lithobius forficatus* en contient jusqu'à trois espèces : l'*Adelia ovata*, l'*Actinocephalus Dujardini*, l'*Echinocephalus hispidus ;* chez un *Iulus*, on trouve un *Stenocephalus*, etc.

CLASSIFICATION DES GRÉGARINES, d'après STEIN, avec les genres nouveaux de M. AIMÉ SCHNEIDER.

Corps formé d'un seul segment unicellulaire sans tête distincte.
Individus isolés ou réunis par des extrémités semblables, (en apposition).
Monocystidées...

Individus ordinairement isolés............ Monocystis.
Réunis par couples..................... Zygocystis.

MONOCYSTIDES de A. Schneider.......... Gamocystis. Gonospora. Urospora. Adelea.

Corps formé de deux segments dont l'antérieur céphaloïde.
Individus isolés ou réunis par des extrémités dissemblables (en opposition).
Polycystidées ou **Grégarinides**.

sans prolongement antérieur............. Gregarina.
avec prolongement antérieur. — inerme.................... Stylorhynchus.
armé de crochets recourbés.. Hoplorhynchus.
terminé par un disque festonné sur les bords....... Actinocephalus.

POLYCYSTIDES de A. Schneider......... Clepsidrina. Pileocephalus. Euspora. Hyalospora. Porospora. Bothryopsis. Dufouria. Geneiorhynchus. Echinocephalus. Stenocephalus.

Corps formé de 3 segments (deux noyaux) probablement des individus en état de pseudo-conjugaison (Kölliker et A. Schneider).
Didymophyides.............................. Didymophyies.

Les Grégarines sont très fréquentes aussi chez les Insectes. C'est en disséquant des Insectes que les premiers auteurs ont découvert une foule d'espèces de Grégarines ; car, jusqu'à l'époque de Stein (1848), on n'en comptait pas dans moins de 68 espèces distinctes. Depuis lors, ce nombre n'a fait qu'augmenter ; mais, même chez les Insectes, leur distribution dans les diverses familles présente des traits intéressants, comme l'a montré M. Aimé Schneider dans son mémoire cité.

Rares ou absentes chez les Insectes qui mènent une vie aérienne, à l'état parfait ou sous forme de larves, les Lépidoptères et les Hyménoptères, elles sont fréquentes chez les espèces, surtout chez les larves,qui vivent dans la terre, comme le Ver blanc du Hanneton, dans le fumier, comme le Géotrupe ; fréquentes aussi chez les Insectes dont les larves sont aquatiques, Diptères, Hémiptères, Névroptères, comme les Libellules, qui fournissent le *Genciorhynchus Monnieri*, l'*Hoplorhynchus oligacanthus ;* — chez les Phryganides, les Mystacides.

Les Coléoptères et les Orthoptères renferment aussi beaucoup de Grégarines · les Blaps, par exemple, renferment le *Stylorhynchus longicollis,* le *Tenebrio molitor* contient le *Clepsidrina polymorpha ;*. les Blattes sont très souvent remplies du *Clepsidrina Blattarum.* etc.

On peut dire que les Polycystidées vivent dans les Articulés, et les Monocystidées dans les autres Invertébrés. Cependant, il y aussi des Insectes qui renferment des Monocystidées.

Au point de vue de l'organe que le parasite habite, il a y a des distinctions intéressantes à faire. Toutes les Polycystidées habitent le tube digestif, mais quand les Articulés renferment des Monocystidées, celles-ci siègent aussi dans le tube digestif. Chez les autres Invertébrés, où l'on n'a encore trouvé que des Monocystidées, celles-ci peuvent habiter l'intestin ou la cavité générale du corps.

Le régime de l'hôte exerce aussi une influence appréciable sur la présence ou la fréquence des Grégarines. Elles sont très fréquentes chez les carnassiers, les coprophages, ou les omnivores. qui vivent dans des conditions faciles d'infection. Elles sont rares ou absentes chez les espèces dont le régime est herbivore comme les Lépidoptères.

Enfin, l'influence du genre de vie de l'hôte joue un rôle très important dans le développement des Grégarines. Ainsi, les Insectes qui vivent dans des milieux humides et sombres trouvent, dans ce milieu et cette humidité, des conditions favorables à la maturation des kystes, ces réservoirs dans lesquels s'élaborent les propagules des Grégarines. Ces kystes, rendus avec les excréments, se développent alors facilement, arrivent à maturité, les spores se répandent et sont absorbées par les animaux, qui s'infectent. Les Insectes qui vivent au grand air, trouvent, au contraire, des spores qui se dessèchent, se détruisent, et ils échappent à l'infection.

III

L'étude du développement des Grégarines est l'un des plus curieux et des plus intéressants chapitres de l'histoire des Protozoaires, car elles présentent dans leur propagation des phénomènes qui rappellent par leur complexité ceux de la conjugaison des Infusoires.

Les anciens naturalistes, qui prenaient les Grégarines pour des larves d'Helminthes, ne s'étaient que très peu préoccupés de leur propagation. Kölliker, en 1845, émit, pour la première fois, l'idée qu'elles étaient des organismes unicellulaires, et qu'elles devaient par conséquent se multiplier à la manière des cellules simples. On sait que Kölliker avait alors établi un schéma de la division des cellules, dans lequel le noyau se divisait en deux parties, et autour de ces deux noyaux se groupait la substance cellulaire ou protoplasma. C'était la génération endogène des cellules. Kölliker supposait donc que les Grégarines, en raison de leur nature unicellulaire, se multipliaient de la même manière.

Cette hypothèse était basée sur des observations incomplètes, et Kölliker interprétait d'une manière inexacte des faits parfaitement réels. Dans un second travail (*Zeitschr. f. wiss. Zool*, t. I. 1849), il se montre moins affirmatif sur cette multiplication des Grégarines adultes par division, et il avance que leur propagation peut s'expliquer par la segmentation de la substance de l'organisme pour former des germes.

La première connaissance que l'on a eue des kystes dans lesquels les Grégarines s'enferment pour se multiplier remonte à 1835, et appartient à Henle, alors prosecteur à Berlin. Il mentionna l'existence de ces kystes dans un petit travail inséré dans les *Archives* de Müller et relatif aux organes générateurs des Annélides et des Gastéropodes hermaphrodites. Étudiant les organes génitaux du Ver de terre commun, il y trouva un grand nombre de corpuscules fusiformes qu'il compara, pour la forme, à des graines de courge. Il fut frappé de l'analogie qu'elles présentent avec les Navicules, Diatomées qu'alors on regardait généralement, avec Ehrenberg, comme des animalcules. Il les considéra comme des organismes parasites qui devenaient libres par la rupture du kyste qui les renferme en grandes quantités, et il crut même avoir découvert, sous la coque transparente et solide, la trace d'un petit intestin.

En 1849, von Siebold, dans son célèbre mémoire : *Contributions à l'histoire naturelle des Invertébrés*, signale l'existence de ces kystes dans le *Sciarra nitidicollis*, Insecte diptère dont l'intestin héberge une *Gregarina caudata*, aujourd'hui du genre *Actinocephalus* de Stein. Il reconnut les corpuscules signalés par Henle et fut frappé de leur ressemblance avec une navette de tisserand ; c'est pour cette raison qu'il leur donna le nom de *navicelles*, et c'est sous ce nom que ces éléments sont encore connus aujourd'hui.

A côté d'eux, Siebold vit des kystes dont le contenu était divisé en deux, et il comprit qu'ils représentaient des phases moins avancées. Mais, il n'avait pas trouvé leur relation avec la *Gregarina caudata* qu'il rencontrait en même temps ; par conséquent, tout en ayant bien reconnu la relation qui pouvait exister entre les diverses espèces de kystes, il n'avait pas rattaché ceux-ci aux Grégarines qui les accompagnaient.

H. Meckel, en 1844, dans la glande génitale du Ver de terre, trouva les mêmes vésicules qu'avait déjà signalées Henle ; mais par une singulière erreur, il les prit pour les œufs du Lombric ; et comme il les vit mêlées en grand nombre aux spermatozoïdes, il crut avoir trouvé là un état hermaphrodite du Lombric, comme il en avait constaté un, peu de temps auparavant, chez les Gastéropodes pulmonés. Du reste, ce n'est qu'en 1856 qu'ont été reconnus pour la première fois, par Ewald Hering et d'Udckom, les ovules ovariens du Lombric. Henle réfuta cette erreur et rencontra de nombreuses Grégarines libres, en même temps que ces kystes à navicules, mais il ne constata pas une relation entre les kystes et les Grégarines. Dans ce travail, Henle révoque en doute la multiplication des Grégarines par division, comme le voulait Kölliker, et il montre que ce que cet observateur avait pris pour des Grégarines se divisant en deux dans l'intérieur du kyste, était des kystes dans lesquels la production des navicelles avait commencé par la segmentation binaire du contenu, que c'était des kystes incomplètement développés.

C'est alors, en 1848, que Stein apparut, et dans les *Archives* de Müller, reconnut, le premier, chez le *Monocystis* du Lombric et chez d'autres formes, d'une manière très certaine, la relation entre les Grégarines, les kystes et les navicelles. Presqu'en même temps (1848), Frantzius publiait un travail dans lequel il arrivait à peu près au même résultat; seulement, tandis que Stein emploie le mot *navicelles* pour désigner les germes des Grégarines, Frantzius se sert du mot *pseudo-navicelles*, qui est d'ailleurs plus juste. Mais pourvu que l'on s'entende sur l'objet, peu importe la désignation.

Stein observa, en outre, la conjugaison de deux individus pour la formation d'un kyste, et étudia toutes les phases de développement du kyste. Il avait donc saisi à la fois toute la série des phénomènes et confirmé, par l'observation, l'idée que Siebold avait émise, comme simple hypothèse, que les kystes à navicelles étaient la phase ultime de la division des kystes à deux masses.

Stein assimile les navicelles à des spores et compare le processus de conjugaison, par lequel deux Grégarines s'enferment dans un kyste pour se multiplier, à la conjugaison des *Spirogyra*, *Zygnema*, etc. On peut rapprocher encore cette conjugaison dans un kyste de celle des Colpodes qui s'enveloppent aussi deux à deux dans un kyste, dans lequel leur substance se confond.

Après Stein et Frantzius, la reproduction des Grégarines fut décrite avec plus ou moins de détails par un grand nombre d'observateurs. Ce fut d'abord par Kölliker, en 1849, dans un travail dont nous avons déjà parlé. Puis, par Lieberkühn, dans un mémoire très étendu, ou *Recherches sur l'évolution des Grégarines*, écrit en français, parce qu'il fut présenté à un concours institué par l'Académie des Sciences de

Belgique, en 1854. Ensuite, Adolf Schmidt, dans un travail inséré dans les *Mémoires de la Soc. d'Histoire naturelle de Senkenberg*, en 1854. Puis, Ed. van Beneden, donna l'histoire de la Grégarine géante du Homard (*Bull. de l'Acad. royale de Belgique* (1871). A. Giard publia une note sur la conjugaison, dans un même kyste, de la Grégarine de l'*Amarœcium punctum (Arch. de Zoologie expérimentale*, t. II, 1873). Puis, Ed. van Beneden encore, en 1871 et 1872, fit paraître deux nouveaux mémoires sur les Grégarines, dans les *Bulletins de l'Académie de Belgique;* Ray Lankester, dans cette même année 1872, étudia le *Monocystis* du Siponcle (*Quarterly Journal of microscopical Science*, 1872); enfin, plus récemment, A. Schneider, dans sa thèse souvent citée, et O. Bütschli (*Zeitschr. f. wiss. Zool.*, t. XXXV, 1881), ont fait paraître des observations très circonstanciées sur les phénomènes de reproduction chez les Grégarines, C'est d'après ces différents travaux que je vais essayer de résumer ce que nous savons aujourd'hui sur la propagation de ces parasites.

La reproduction des Grégarines a toujours ou presque toujours lieu dans un kyste. Dès 1848, Stein avait déjà admis comme règle générale que deux individus s'enfermaient dans un kyste et se réduisaient en une masse commune dans laquelle se formaient les navicelles. C'était donc une conjugaison ou une copulation. D'autres auteurs, Lieberkühn, Ad. Schmidt, Frantzius, E. van Beneden, pensent que la conjugaison ne précède pas nécessairement l'enkystement, que, même, une seule Grégarine peut s'enkyster et donner, toute seule, naissance à des germes. Néanmoins, il peut arriver, d'après Lieberkühn, que deux individus s'enferment dans un même kyste; mais alors il pense que chacun de ces deux individus produit des navicelles et que leur substance ne se mélange pas. Quelquefois encore, une seule des deux Grégarines produit des spores, tandis que l'autre n'en forme pas.

M. Aimé Schneider admet les deux modes d'enkystement, celui

d'une Grégarine solitaire et celui de deux Grégarines conjuguées. Dans l'enkystement de la Grégarine solitaire même, il admet diverses formes. Ainsi, l'enkystement, qu'il considère comme un phénomène fréquent, peut avoir lieu sans qu'il y ait, à proprement parler, formation d'un kyste véritable : l'animal ne modifie pas sa forme, mais il perd son noyau et se résout en un amas de petites spores. C'est ce qui arrive chez l'*Adelea ovata*, Grégarine du *Lithobius forficatus*. Il peut se faire aussi que l'animal s'enkyste en modifiant sa forme : par exemple, l'*Actinocephalus Dujardini* dont A. Schneider a vu les kystes se former sur le porte-objet du microscope. L'animal s'arrondit, sécrète autour de lui une membrane qui devient de plus en plus épaisse et dans laquelle il s'enferme. Puis, dans l'intérieur de ce kyste, il se résout en un amas de spores. Schneider admet aussi comme fréquent l'enkystement de deux individus, ou par conjugaison. Les animaux se réunissent d'abord par leur extrémité antérieure, s'appliquent l'un contre l'autre, s'enferment dans le kyste, à l'intérieur duquel leur substance se confond. C'est ce que Schneider appelle *conjugaison véritable*, pour la distinguer de la *pseudo-conjugaison*, dans laquelle deux Grégarines qui étaient réunies pendant la vie active, en apposition, s'enkystent, mais chacune d'elles formant un kyste spécial. On a alors une sorte de kyste général, mais formé de deux loges dont chacune contient une Grégarine, et c'est dans chacune de ces loges que s'opère le phénomène de la sporulation. Il peut arriver que la cloison des deux loges disparaisse et que les spores se mêlent, mais c'est un phénomène tout à fait différent d'une conjugaison véritable, d'où le nom de pseudo-conjugaison que lui donne A. Schneider.

Autant que je puis le comprendre, cet auteur ne paraît pas admettre la réunion, dans un même kyste, de deux individus qui, pendant la vie active, étaient réunis en opposition ; il suppose qu'ils se séparent avant l'enkystement. Cependant, la conjugaison d'animaux réunis à l'état de vie active a été plusieurs fois décrite, par exemple, par Bütschli, chez la Grégarine *(Clepsidrina)* de la Blatte. Le

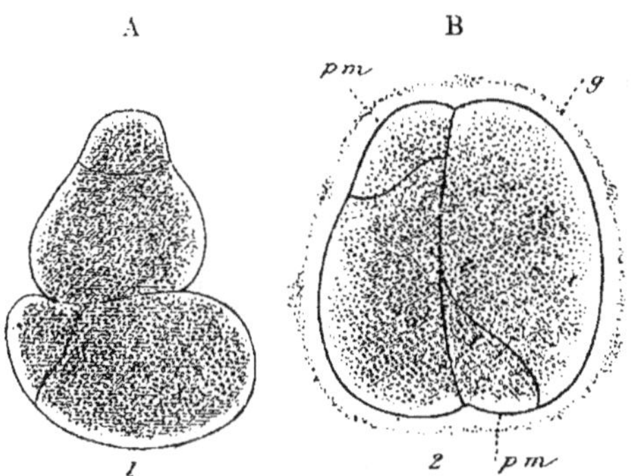

Fig. 6. — Premières phases de l'enkystement de deux individus conjugués de *Clepsidrina Blattarum*. A, ils sont appliqués l'un contre l'autre par une surface plus large B, ils commencent à sécréter une substance gélatineuse, *g*, qui deviendra l'enveloppe extérieure du kyste. Le segment antérieur ou protomérite, *pm*, est encore bien visible dans chaque Grégarine (d'après Bütschli.)

premier indice de la conjugaison, d'après ce dernier observateur, consiste dans la tendance que manifeste chaque individu à prendre une forme plus ramassée et à s'arrondir, en présentant d'une façon moins nette ses deux segments. Puis, les deux animaux réunis exécutent un mouvement en cercle de plus en plus rapide, et c'est, pour ainsi dire, par suite de ce mouvement, qu'ils prennent la forme arrondie qu'ils doivent conserver dans le kyste. La substance de la périphérie s'éclaircit, tandis que la partie centrale devient, au contraire, plus foncée, brunâtre ; les granules qui existaient dans le corps des animaux paraissent abandonner la périphérie pour se rassembler au centre. Puis, les deux individus s'appliquent étroitement l'un contre l'autre, une enveloppe membraneuse se produit autour d'eux et devient de plus en plus épaisse ; la partie interne de cette enveloppe paraît formée de couches concentriques ou de lamelles appliquées les unes sur les autres, tandis que la partie externe est plus homogène. C'est la partie lamelleuse qui doit être considérée comme la véritable paroi du kyste. A ce moment, les deux segments de chacun des animaux ne sont pas encore confondus et ils montrent encore leur protomérite et leur deutomérite ; ce n'est qu'après un certain temps que la cloison

disparaît ; puis , en quarante-huit heures , toute trace de séparation
entre les deux individus s'est évanouie, et leur substance s'est mêlée.
Le kyste prend une forme ovoïde , ajoute Bütschli , mais ce dernier
détail doit être une particularité propre à l'espèce de Grégarine qu'il a
observée, car, le plus souvent, le kyste conserve tout le temps sa forme
sphérique.

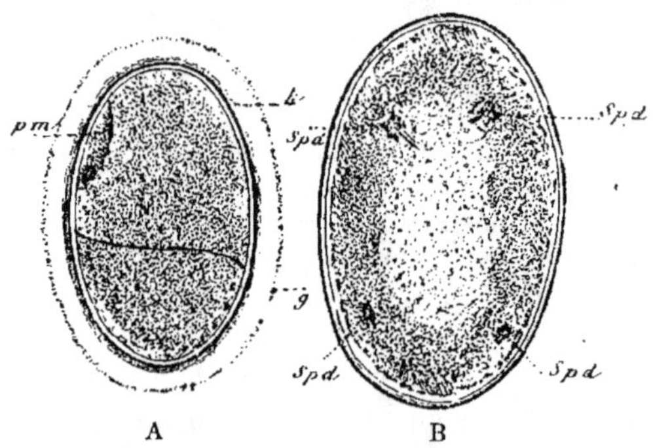

Fig. 7. — Deux phases plus avancées de l'enkystement. L'enveloppe propre du kyste *k*,
s'est formée en dedans de l'enveloppe gélatineuse, *g*. On voit, chez B, les vestiges de
quatre sporoductes, *spd*. Chez A, le protomérite, *pm*, de l'un des individus est encore
visible (d'après Bütschli.)

Chez la Grégarine de la Blatte *(Clepsidrina Blattarum)* étudiée par
Bütschli, les animaux ont employé 75 minutes pour former leur kyste ;
mais il faut beaucoup plus de temps pour la production des phénomènes qui vont se passer dans le kyste. Nous laisserons , quant à
présent , l'histoire de cette Grégarine , à laquelle nous reviendrons
bientôt.

La paroi des kystes des Grégarines est toujours très résistante, et
parfois très épaisse ; c'est un organe de protection pour les individus
qu'ils renferment , et beaucoup plus efficace que la cuticule de
l'animal adulte , cuticule si perméable à l'eau. La paroi du kyste ,
au contraire , placée dans l'eau , résiste parfaitement et ne se laisse
pas pénétrer, car le kyste ne se gonfle pas. Elle résiste de même à la
dessication. En effet , les kystes sont destinés à être évacués et , en

tombant dans le monde extérieur, ils peuvent être exposés aux circonstances les plus diverses ; ils peuvent être immergés ou desséchés.
Leur enveloppe est destinée à les protéger contre ces alternatives, et
elle remplit parfaitement son office.

D'après l'observation que A. Giard a faite sur une Grégarine parasite
d'une Ascidie composée, (*Amarœcium punctum*), et qui, par conséquent, est une Grégarine marine, on peut provoquer artificiellement la
conjugaison et l'enkystement des individus en laissant s'évaporer en
partie l'eau de la préparation sur le porte-objet, mais non pas complètement, ce qui tuerait les animalcules. Des conditions se produisent
ainsi qui avertissent les animaux qu'il y a urgence de s'enkyster pour
se préserver de la dessication. On sait qu'on peut aussi provoquer les
Infusoires à s'enkyster pour leur conservation, en laissant diminuer
l'eau dans laquelle ils vivent, par exemple, les Stylonychies, les
Euplotes, etc. Chez les Colpodes, qui forment des kystes de conjugaison, la dessication paraît aussi avoir une certaine influence sur la
formation de ces kystes et, par conséquent, sur le mode de reproduction, d'après les observations déjà anciennes de Gerbe.

On peut se demander si la saison influe sur la production des kystes.
A ce sujet, E. van Beneden a observé qu'en examinant les Homards
pendant les mois du printemps et de l'été, il trouvait toujours des
Grégarines à l'état actif dans l'intestin, et jusqu'à vingt-cinq à la fois,
mais pas de kystes. En automne, au contraire, il ne trouvait que des
kystes, et pas de Grégarines libres. Ces kystes étaient logés dans la
paroi du rectum, sous le revêtement épithélial, formant des séries
linéaires de 5 à 7 kystes. Nous verrons comment cette disposition peut
s'expliquer.

Voyons maintenant comment se produisent les germes, spores ou
propagules.

Le mode de production de ces germes n'a encore été étudié que
d'une façon très incomplète ; il est assez mal connu, et j'ai trouvé peu
de concordance entre les auteurs qui s'en sont occupés. Le processus,

d'ailleurs, paraît présenter des variations, même dans une seule et même espèce. Par conséquent, je me vois dans l'impossibilité d'en donner ici un schéma unique et je dois me contenter de relater les observations des principaux auteurs.

D'abord, Stein : La phase la plus précoce du développement qui doit conduire à la formation des pseudonavicelles est celle qui présente, dans le kyste, deux masses sphériques appliquées l'une contre l'autre et formées par le corps des deux individus conjugués. A une phase plus avancée, les deux masses sont fusionnées en une seule : il est nécessaire alors que la cuticule de chaque animal soit résorbée. Lorsque le kyste ne présente plus à son intérieur qu'une masse unique, commence le phénomène de la sporulation. On voit d'abord les granulations de la masse commune se rassembler en petits amas isolés, dans toutes les parties du contenu du kyste, et principalement à la périphérie. A la surface, se découpent des lobes plus ou moins irréguliers, ce qui donne au contenu l'aspect d'un œuf irrégulièrement segmenté. Un peu plus tard, les amas granuleux qui se trouvaient dans ces lobes ont disparu avec les lobes eux-mêmes qui se trouvent à l'état libre à la périphérie du kyste ; c'est-à-dire qu'il s'est formé, à la surface de la masse, de petites vésicules très claires, composées d'une paroi mince et d'un contenu granuleux. Quand le kyste est ainsi rempli de vésicules claires, sphériques, ces vésicules commencent à se transformer en navicelles en prenant une forme ovalaire et en s'entourant d'une substance claire, d'aspect mucilagineux, qui forme un prolongement en pointe à chaque extrémité de la vésicule allongée, avec un petit renflement à chaque pôle, disposition plus ou moins marquée, d'ailleurs, suivant les espèces. Quand le kyste est ainsi rempli, on voit que les spores ont une disposition à venir s'accumuler contre la paroi interne du kyste, où elles forment une couche périphérique plus ou moins épaisse. La masse centrale est formée d'un liquide contenant des granulations plus ou moins nombreuses ; quelquefois, une partie assez considérable de la substance centrale reste non employée et s'interpose entre les spores. On a alors des figures dans lesquelles chaque pseudonavicelle est séparée de ses voisines par des granulations en plus ou moins grande quantité. C'est probablement ces granulations qui, en se liquéfiant, constituent le liquide du kyste mûr. — Telle est la description, donnée par Stein, de la formation des spores chez le *Monocystis* du Lombric et chez les Grégarines du *Tenebrio molitor* et de la Blatte.

Lieberkühn admet que, dans certains cas. les choses peuvent se passer ainsi, c'est-à-dire que le contenu du kyste se transforme en vésicules claires et sphériques dont chacune devient une navicelle. Mais il conteste que le phénomène ait cette généralité; les navicelles peuvent se former encore de deux manières différentes, et cela chez une même espèce, le *Monocystis* du Lombric, par exemple : d'abord, par le processus décrit par Stein, puis, par un premier mode qui ressemble tout à fait à une segmentation presque régulière, comme cela se produirait sur un œuf, et jusqu'à ce que toute la masse se soit convertie en petites sphères de segmentation. Ces sphères sont très égales et très granuleuses; elles se transforment en pseudonavicelles en s'allongeant, en se revêtant d'une coque solide et en liquéfiant leur contenu. On peut appeler ce processus formation par segmentation plus ou moins régulière. Mais, à côté de celui-ci, Lieberkühn en admet un autre, dans lequel le contenu, au lieu de produire ces globules granuleux, se divise en deux moitiés, puis en quatre ou cinq masses plus ou moins volumineuses, et chaque masse se recouvre, par un mécanisme encore mal étudié, d'une couche de petits globules transparents ou à peine granuleux. Ce sont ces globules qui se détachent des sphères et se transforment en navicelles. Les sphères se liquéfient et le kyste présente à la fin le même aspect que dans les cas précédents.

En effet, j'ai observé, sur le *Monocystis agilis* du Lombric, ces modes de formation des spores et l'on peut admettre la réalité de ces trois processus. Pour l'espèce dont il s'agit, le dernier est peut-être le plus fréquent. (Pl. I, fig. 1-8.)

E. van Beneden a constaté un phénomène curieux dans le kyste de la Grégarine du Homard, phénomène qui ne conduit pas directement à la formation des navicelles, mais conduit d'abord à la multiplication des kystes ; c'est une prolifération des Grégarines enkystées. Il a vu le contenu du kyste se diviser en deux masses dont chacune s'arrondit et devient un globule plus ou moins régulier : on croirait donc avoir sous les yeux le début de la formation des pseudonavicelles, mais il n'en est pas ainsi : chaque masse s'entoure d'une enveloppe et forme comme un kyste secondaire dans le kyste primitif. Et ces deux kystes secondaires se divisent à leur tour en deux nouvelles masses qui s'entourent aussi d'une membrane ; de sorte que le kyste primitif en a engendré quatre qui sont renfermés dans son enveloppe, mais réunis deux à deux dans les deux enveloppes secondaires. C'est la multiplication des kystes. Ce phénomène n'a encore été observé que par E. van Beneden, et c'est évidemment par cette multiplication des kystes qu'il faut expliquer leur disposition sériaire, à la file les uns des autres, dont nous avons parlé précédemment.

Quant à la manière dont les navicelles se forment dans les kystes, E. van Beneden ne donne pas de détails à ce sujet.

Aimé Schneider n'a rien ajouté de bien important quant au processus général, mais, chez quelques espèces, il a décrit des particularités très intéressantes. Chez le *Stylorhynchus oblongatus*, Grégarine que nourrit un Insecte Coléoptère, l'*Opatrum sabulosum*, il a vu que le premier phénomène de la sporulation consiste en une sorte de globulation de la surface extérieure du kyste. Le contenu, après la fusion des deux individus, (Fig. 8, 1) présente à sa surface des lobes et des lobules très nombreux qui se recouvrent d'une couche de petits globules transparents (2, 3). Quand ces lobules sont produits sur toute la surface des lobes, on les voit s'allonger et prendre une forme fusiforme, mais l'extrémité inférieure des fuseaux demeure implantée dans la masse centrale restée granuleuse (4). Ces petites masses allongées en bâtonnet exécutent des mouvements d'extension et de contraction suivant leur grand axe, tout en restant fixés par une de leurs extrémités sur la masse centrale, tandis qu'en même temps, on

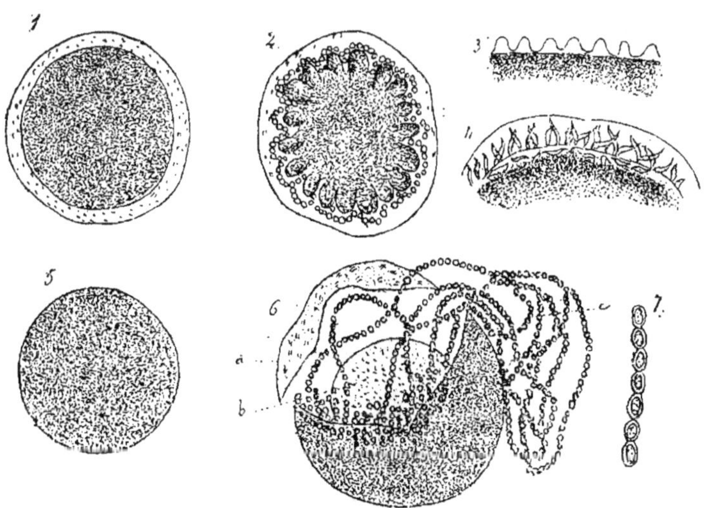

Fig. 8. — Formation des spores chez le *Stylorynchus oblongatus*. 1, kyste avant le début du travail sporigène. 2, phase de la gemmation des spores. 3, premier stade de gemmation (figure plus grossie.) 4, portion de kyste montrant les masses sporigènes sous forme de petits bâtonnets mobiles. 5, pseudokyste isolé du kyste. 6, Kyste mûr dont l'enveloppe rompue laisse échapper les chapelets de spores et montre le pseudokyste à l'intérieur du kyste. On voit à côté une portion plus grossie du chapelet de spores (d'après Schneider.)

voit l'autre extrémité se tordre en décrivant un mouvement en 8 de chiffre. Il se produit ainsi dans le kyste une sorte de danse ou de fourmillement très intense et très prolongé, car on peut l'observer pendant vingt heures. Puis, les bâtonnets reviennent à la forme sphérique et peu à peu prennent celle des navicelles ovalaires. Au moment où l'enveloppe solide des spores commence à se produire, celles-ci sont incolores, mais peu à peu elles prennent une teinte brunâtre, de sorte que le kyste, d'abord de couleur blanche, prend une nuance de plus en plus foncée et finit par devenir noir comme du charbon.

La masse centrale à la surface de laquelle se produisent les globules qui deviendront des navicelles (5, 6) est désignée sous le nom de *pseudokyste* par M. Aimé Schneider, qui lui fait jouer un rôle très important dans l'émission des spores, rôle sur lequel nous reviendrons plus tard.

Bütschli a suivi les mêmes phénomènes sur le *Clepsidrina Blatta-rum*. Nous avons déjà décrit, d'après cet auteur, l'enkystement de cette espèce et nous nous sommes arrêtés à la phase où le kyste s'est allongé et présente encore la ligne de séparation des deux animaux sur lesquels on peut même quelquefois distinguer encore le proto et le deutomérite.

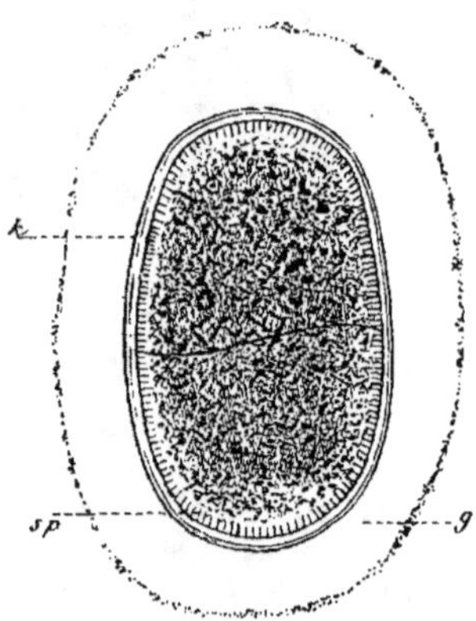

FIG. 9. — Kyste bien développé de la *Clepsidrina Blattarum*, mais présentant encore les corps distincts des deux Grégarines; *sp*, couche cellulaire périphérique des pseudo-navicelles ou spores; *k*, enveloppe propre du kyste, *g*, son enveloppe gélatineuse (d'après Bütschli.)

La formation des pseudonavicelles commence longtemps avant que la substance des deux animaux se soit confondue en une seule masse, mais il est possible qu'au moment où cette formation des spores a commencé, la fusion des animaux ait déjà eu lieu dans le centre du kyste et que la séparation ne soit qu'extérieure. C'est ce qu'il est difficile de vérifier. La formation des spores commence par une sorte de gemmation à la périphérie des deux individus dans le kyste. On voit, en effet, apparaître à la surface des deux animaux une couche claire formée de petits éléments pressés les uns contre les autres, enveloppant tout le contenu, mais ne pénétrant pas dans la ligne de jonction des deux individus. Cette couche apparaît sous la membrane comme une couche de cellules qui revêt la masse centrale, ainsi que le blastoderme dans un œuf d'Insecte. On croit voir un épithélium cylindrique formé de petites cellules polygonales par pression réciproque. Quand on rompt le kyste, les petits éléments s'isolent et prennent la forme sphérique : ce sont de fines cellules sans membrane et munies d'un petit noyau.

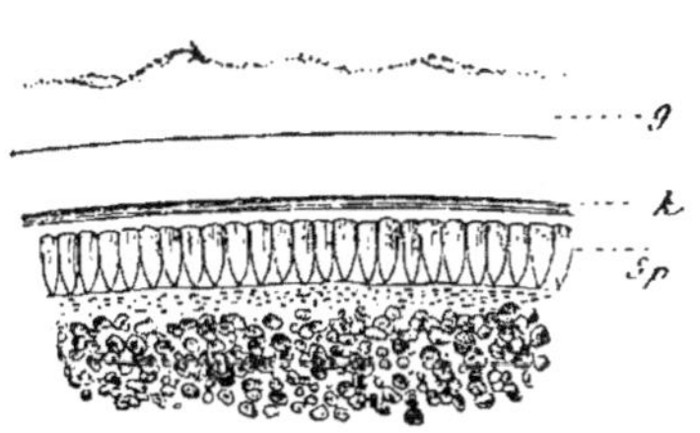

Fig. 10. — Portion très grossie du bord d'un kyste au même degré de développement que celui de la fig. 9. *g*, enveloppe gélatineuse ; *k*, enveloppe propre ; *sp*, couche des pseudo-navicelles recouvrant la masse centrale granuleuse (d'après Bütschli.)

La formation de ces petits éléments soulève évidemment diverses questions. On peut se demander quelle est l'origine de leur noyau. On admet difficilement aujourd'hui qu'un noyau puisse se former d'emblée au milieu d'un blastème : on pense généralement que tout noyau dérive d'un autre noyau, son ancêtre. C'est aussi ce que s'est demandé Bütschli. En ouvrant des kystes qui ne présentaient pas encore cette disposition cellulaire à la surface, il a pu isoler dans la couche périphérique claire un grand nombre de noyaux semblables à ceux des petites cellules, ce qui indiquait que ces noyaux préexistaient aux cellules. Mais d'où viennent-ils ? Du noyau originaire des Grégarines conjuguées ? En brisant le kyste, Bütschli a pu trouver les noyaux des deux Grégarines, mais modifiés : ils étaient devenus plus petits et se trouvaient sur la voie d'une transformation. Deux hypothèses sont donc possibles : les noyaux sont nés par une sorte de formation spontanée dans le protoplasma périphérique, ou bien, et cette supposition paraît plus plausible, ils dérivent du noyau originaire des deux Grégarines, car on sait très bien aujourd'hui que dans un œuf d'Insecte les noyaux des cellules du blastoderme dérivent du noyau primitif de l'œuf, la vésicule germinative.

Au bout de quelque temps, la surface du kyste est devenue homogène, mais toujours plus claire ; l'apparence cellulaire a disparu, et le kyste ne présente à sa surface qu'une zone transparente finement granuleuse. Les cellules ont émigré dans la masse centrale où elles ont formé un amas. C'est ainsi que cette masse qui était transparente s'obscurcit au centre. — Quel est le mécanisme de cette émigration ? — On l'ignore. C'est dans cette partie centrale du kyste que les jeunes pseudonavicelles atteignent la maturité en attendant leur évacuation.

Telles sont, d'après Bütschli, les différentes phases de la formation des pseudonavicelles. Toutes ces phases ont été entrevues plus ou moins nettement par les prédécesseurs de Bütschli, tels que Stein et Lieberkühn. Aimé Schneider, de son côté, a décrit chez les *Clepsidrina*, *Euspora* et *Gamocystis* un aspect de mosaïque qui n'est autre chose que cette couche unique. A. Schneider n'a pas pu suivre la formation de ces éléments et croit qu'ils dérivent de la fragmentation de la partie claire du kyste. Il n'a donc pas reconnu cette phase d'une manière aussi complète que Bütschli. Il a vu aussi, d'ailleurs, que ces petites cellules émigrent dans l'intérieur du kyste.

C'est ainsi que les faits sont décrits par les auteurs ; il nous reste à voir maintenant comment les spores, arrivées à maturité dans l'intérieur du kyste, sont mises en liberté. En d'autres termes, nous avons à étudier leur mode de dissémination dans le monde extérieur et à décrire la série des phases par lesquelles ces spores retournent à l'état de Grégarines, c'est-à-dire à faire l'histoire du développement de ces intéressants protozoaires.

IV

D'après ce que nous avons vu, chez certaines espèces de Grégarines, les spores se forment à la surface du kyste, et quand celui-ci est mûr il est rempli de pseudonavicelles plus ou moins avancées, tandis que la partie non employée se liquéfie et produit une substance plus ou moins abondante et granuleuse. Chez d'autres, les pseudonavicelles se constituent sous la forme d'une véritable couche de cellules à la périphérie du kyste, couche qui se disloque bientôt, les spores pénétrant au centre du kyste, où elles se rassemblent, entourées par la substance granuleuse. A la maturité, elles sont mises en liberté, comme les graines d'une plante qui sortent du fruit lors de sa déhiscence. Mais, de même qu'il existe divers procédés pour déterminer la déhiscence du fruit et la dissémination des graines, on trouve qu'il y a aussi divers mécanismes pour la déhiscence des kystes grégarinaires et pour l'émission des pseudonavicelles.

On a observé jusqu'à trois modes de déhiscence des kystes. Le plus fréquent et le plus simple est la rupture de l'enveloppe du kyste, rupture qui met les spores en liberté. Elle est probablement due au gonflement de la substance granuleuse qui n'a pas pris part à la formation des spores. C'est ce qu'on observe chez la plupart des Grégarines : *Monocystis*, *Urospora*, etc., parmi les Monocystidées, *Hoplorhynchus*, *Actinocephalus*, *Pileocephalus*, *Hyalospora*, *Porospora*, *Euspora*, etc., parmi les Polycystidées. Mais, dans quelques cas, l'ouverture du kyste et la dissémination des spores se font par un mécanisme beaucoup plus compliqué et qui varie avec les différentes espèces. Par exemple, la rupture peut avoir lieu à l'aide du pseudokyste, d'après A. Schneider, et ce cas n'a encore été observé que sur le *Stylorhynchus oblongatus* (1). Nous savons que les spores se forment

(1) Ce mode de déhiscence par un pseudokyste a été observé aussi depuis, par M. Aimé Schneider, dans deux genres nouveaux de Grégarines, *Lophorhynchus* et *Trichorhynchus* (*Archives de Zool. expér.*, t. X, 1882, p. 439).

chez cette espèce à la surface de la masse granuleuse constituant le contenu primitif du kyste. Ce sont des formations périphériques ; la partie centrale granuleuse ne prend pas part à leur production ; elle constitue un globule arrondi qui s'entoure d'une fine membrane, et il en résulte une sorte de faux kyste dans l'intérieur du premier. C'est ce pseudokyste qui se gonfle au moment de la maturité, fait éclater la membrane du premier kyste et fait échapper les spores sous forme de longs chapelets qui flottent dans le liquide. Le pseudokyste reste dans l'enveloppe du kyste véritable. Il est composé d'une membrane d'enveloppe beaucoup plus mince que celle du premier, contenant une masse granuleuse homogène dans laquelle on n'observe pas de zone granuleuse transparente ni de zone opaque comme dans le kyste véritable.

Ce processus se présente déjà comme un premier pas vers une complication plus grande ; il y a kyste et pseudokyste, et ce dernier joue le rôle d'un appareil à dissémination. Mais on trouve un troisième procédé bien plus complexe encore chez deux genres, — les seuls, je crois, sur lesquels il ait été observé, — les genres *Clepsidrina* et *Gamocystis*.

Ce phénomène a été entrevu et figuré d'abord par Stein, mais très incomplètement, puis décrit d'une manière bien plus détaillée par A. Schneider. (*Arch. de zool. expérim.* de Lacaze-Duthiers, t. II, 1873, puis, *Comptes rendus de l'Ac. des Sc.*, 1875, et dans sa thèse, *Arch. de zool. exp.*, t. IV. 1875) ; enfin, par Bütschli (*Zeitsch f. wiss. Zool.*, t., XXXV, 1881), qui est entré dans de plus grands détails sur cette question que A. Schneider, mais qui d'ailleurs confirme presque toutes les observations essentielles de cet auteur. Toutefois, c'est à A. Schneider que revient le mérite d'avoir étudié, le premier, le mécanisme si curieux de la dissémination des spores dans le *Clepsidrina* et le *Gamocystis*.

A propos du *Clepsidrina* de la Blatte, il nous faut revenir à la formation du kyste, alors que les spores ont pénétré au centre et attendent le moment d'être évacuées par un appareil qui bientôt se constitue dans la partie périphérique du kyste. Cet appareil d'émission consiste en un système de tubes qui plongent dans le centre de l'amas des spores et traversent la membrane du kyste. C'est par ces tubes que les spores sont évacuées, en raison de quoi A. Schneider les désigne sous le nom de *sporoductes*, car c'est lui qui les a découverts.

Le premier vestige de cet appareil se montre environ quarante-huit heures après la conjugaison des deux animaux dans le kyste, alors que la ligne de démarcation a disparu. Il débute par la formation d'une enveloppe très fine autour de la masse granuleuse, membrane qui va jouer un rôle important dans l'émission des spores. On sait que le kyste a une grande épaisseur, qu'il est composé d'une masse gélatineuse, puis, d'une membrane assez épaisse. C'est au dessous de celle-ci que se forme l'enveloppe mince autour de la masse granuleuse (fig. 11, B). Quand cette couche s'est formée, par sécrétion ou par excrétion, on voit sur des points disséminés de la surface du kyste, de petites taches claires qui apparaissent éparses sur le contenu;

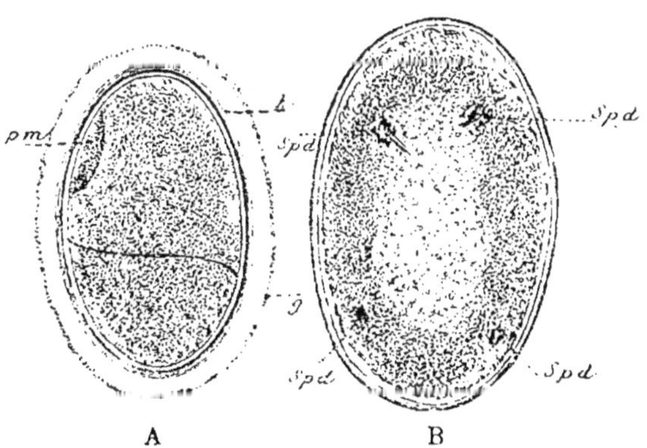

FIG. 11. — Deux phases plus avancées de l'enkystement. L'enveloppe propre du kyste *k*, s'est formée en dedans de l'enveloppe gélatineuse, *g*. On voit, chez B, les vestiges de quatre sporoductes, *spd*. Chez A, le protomérite, *pm*, de l'un des individus est encore visible (d'après Bütschli.)

et on remarque, en faisant pénétrer un peu plus profondément le foyer de l'objectif, que ce sont les extrémités périphériques de cordons protoplasmiques qui plongent de la surface vers le centre du kyste et traversent toute la couche de substance granuleuse enveloppant la masse sporifère (fig. 11, B, *spd*). Ces cordons sont pleins et homogènes, mais dans l'axe du protoplasma qui les constitue s'établissent les tubes d'émission proprement dits. Ce sont des tubes membraneux qui ne sont que les prolongements de la mince membrane périphérique formée à la surface du contenu. Ils s'ouvrent probablement déjà à la surface, mais pendant qu'ils se constituent, les cordons protoplasmiques qui ont, pour ainsi dire, servi de matrice à chacun d'eux, s'épaississent à l'embouchure des tubes et il s'y forme un amas granuleux envoyant des ramifications dans tous les sens, ramifications

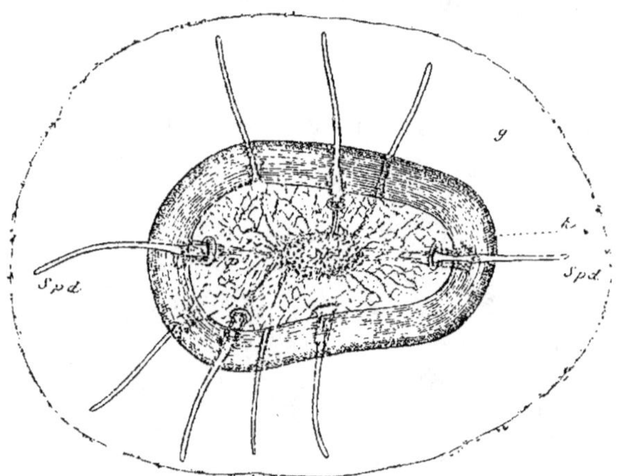

Fig. 12. — Kyste mûr de *Clepsidrina Blattarum* montrant ses neuf sporoductes, *spd*, renversés en dehors ; *sp*, masse sporifère au centre du kyste ; *p*, tubes plasmatiques conduisant les spores vers l'orifice interne des sporoductes ; *k*, enveloppe propre très épaissie et revenue sur elle-même ; *g*, enveloppe gélatineuse (d'après Bütschli.)

qui s'anastomosent et produisent une sorte de réseau, lequel se distribue dans toute la substance du kyste, (comme le réseau que l'on décrit dans le protoplasma de certaines cellules). Cette dernière observation appartient à Bütschli qui a mis le réseau en évidence à l'aide de la potasse caustique à 35 pour 100. Celle-ci dissout les granulations en laissant le réseau parfaitement visible, et au centre de celui-ci, les spores (fig. 12). Quand les sporoductes ont commencé à se développer, ils ne tardent pas à se constituer en tubes. A. Schneider et Bütschli ont décrit cette formation d'une manière à peu près concordante, mais le premier observateur distingue, dans les sporoductes, deux portions : une partie basilaire ou périphérique renflée, courte et épaisse, suivie d'une partie centrale beaucoup plus longue et étroite, qui plonge dans la masse centrale des spores. C'est cette portion qui s'évagine et qui sort à travers l'enveloppe du kyste et la couche gélatineuse externe pour donner issue aux spores. Bütschli pense que les sporoductes ne sont pas formés de deux parties distinctes, mais que la portion basilaire, plus épaisse, n'est qu'un renflement léger subi par le sporoducte à la limite de l'évagination, car le tube se retourne comme un doigt de gant et la portion renflée n'est qu'un bourrelet formé par la partie du tube qui ne s'est pas évaginée. Bütschli a montré que ce qui fait paraître plus épaisse la base du tube, c'est une masse de substance fibrillo-granuleuse qui l'enveloppe et dont on ne connaît pas la nature.

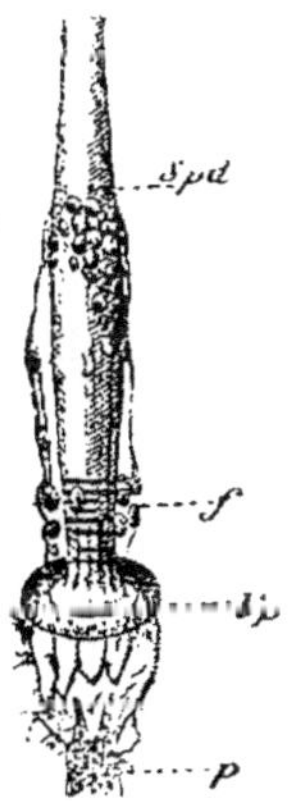

FIG. 13. — Portion basilaire renflée d'un sporoducte évaginé, *spd* ; *bp*, bourrelet plasmatique entourant la base ; *p*, tube de plasma ayant servi de matrice au sporoducte ; *f*, masse fibrillo-granuleuse autour de la base du sporoducte (d'après Bütschli.)

Le nombre des sporoductes varie avec la grosseur des kystes ; plus les kystes sont volumineux, plus les tubes d'émission sont nombreux. Chez la Grégarine de la Blatte, qui a particulièrement servi aux observations de Bütschli, les tubes sont au nombre de trois au minimum et de douze au maximum. Chez le *Clepsidrina Munieri* qui vit chez un Chrysomélien, le *Timarcha tenebricosa*, on en trouve de trois à six et chez le *Gamocystis tenax*, jusqu'à douze.

Au moment de la maturité des spores, il se fait, comme nous l'avons dit, une évagination des tubes qui se renversent en dehors, et, lors, ils se dirigent tous vers la partie périphérique et vont plonger dans la substance mucilagineuse homogène qui forme la zone extérieure de l'enveloppe du kyste. Quelle est la cause de cette évagination? A. Schneider l'attribue au gonflement de la substance granuleuse. Je ne comprends pas bien, pour ma part, comment les spores, qui sont plongées au centre, peuvent être expulsées par le gonflement de cette substance granuleuse qui les entoure, gonflement qui ne pourrait, au contraire, que les resserrer au centre. Bütschli me paraît plus près de la vérité quand il attribue l'éruption des sporoductes et la sortie des spores à la seule élasticité de la capsule qui forme la paroi du kyste. En se gonflant, celle-ci tend constamment à réagir sur le contenu et détermine, par sa pression, l'éruption des tubes. Mais, comment les spores sont elles guidées vers les embouchures des canaux? Si l'on se rappelle ces cordons protoplasmiques dans l'axe desquels se sont formés les sporoductes, on comprend la sortie des spores. Ces cordons, après que les tubes se sont formés et évaginés, laissent à leur place un espace vide en forme de canal qui guide les spores vers les orifices de sortie. Telle est l'explication très simple que donne Bütschli de l'émission des spores ; mais il est moins facile de comprendre comment cette zone qui forme l'enveloppe du kyste n'est pas fissurée, fendue, brisée par la pression violente des sporoductes qui traversent sa substance. Il faut admettre qu'au moment de la maturité, l'enveloppe du kyste et sa couche mucilagineuse se ramollissent beaucoup et permettent un passage facile aux sporoductes à travers leur substance.

Ce curieux appareil d'émission a encore été observé sur une autre espèce, le *Gamocystis tenax*, par A. Schneider, qui en a donné une

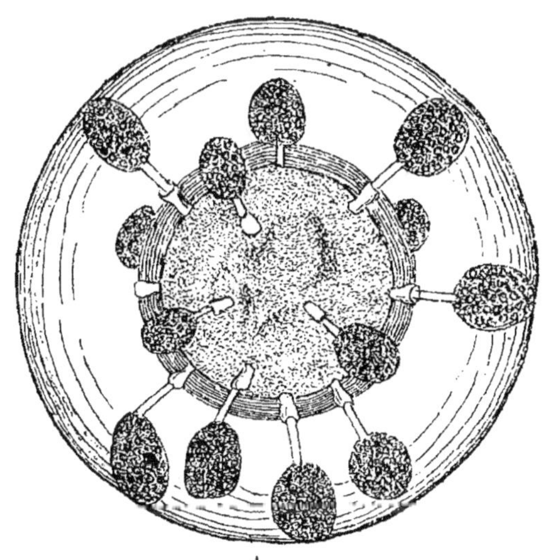

FIG. 14. — Kyste du *Gamocystis tenax* en voie d'émission des spores
(d'après Schneider.)

excellente figure. Les sporoductes sont plus nombreux que dans l'espèce précédente : leur formation a dû se produire de la même manière.
Ils paraissent aussi composés d'une partie basilaire et d'une partie
centrale. La seule différence avec le *Clepsidrina Blattarum* est que
les spores, au lieu d'être évacuées en longs filaments moniliformes,
restent sous forme d'amas irréguliers à l'extrémité de chaque sporoducte et se trouvent logées dans l'épaisseur de la substance mucilagineuse probablement ramollie à ce moment.

Nous avons dit que Stein, le premier, a entrevu ces phénomènes.
C'est sur le *Clepsidrina polymorpha*, du *Tenebrio molitor*, en
1848 ; il avait vu les spores traverser, sous forme de files, l'enveloppe
extérieure du kyste, mais il croyait qu'il se produisait des fissures dans
cette enveloppe et que les spores suivaient ces fissures pour sortir.
Il n'avait pas vu les tubes dont la découverte appartient à A. Schneider,
qui, dès 1873, avait parfaitement reconnu les faits principaux de ce
très intéressant mécanisme.

Jetons maintenant un coup d'œil sur les spores ou pseudonavicelles.

Nous avons déjà indiqué les diverses façons dont elles ont été envisagées par les observateurs. Henle, qui, le premier, les a observées à l'état mûr, dans la Grégarine du Lombric, les confond avec les Navicules, qui sont aujourd'hui des Diatomées. Il avait parfaitement reconnu en elles des parasites, mais il se trompait dans son interprétation. On regardait alors, du reste, les Diatomées comme des animaux. Siebold leur donne le nom de navicelles, changé en celui de pseudonavicelles par Frantzius. — Stein les reconnut pour les propagules des Grégarines et alla même jusqu'à leur donner le nom de spores. Puis, Lieberkühn, qui a observé toutes les phases de leur formation chez la Grégarine du Lombric, les désigna sous le nom de Psorospermies qui a été appliqué à tant d'organismes divers, et même à des phases de développement de tant d'êtres différents qu'il faut le rejeter pour en adopter un autre, car il ne peut que porter la confusion dans l'esprit.

C'est pourquoi A. Schneider propose de les appeler tout simplement *spores*, ce nom indiquant qu'il considère ces organismes, non pas comme le produit d'une génération sexuelle à la suite d'une fécondation, mais comme correspondant aux spores des végétaux, lesquelles se produisent en dehors de toute opération sexuelle. Mais, je crois qu'il s'est un peu trop hâté en déniant à la reproduction des Grégarines le caractère d'un acte sexuel. Stein avait déjà comparé cette multiplication dans un kyste à la conjugaison des *Spirogyra* où l'on voit le contenu de deux cellules conjuguées s'entourer d'une enveloppe pour former une zoospore, fait qui, pour les botanistes, est bien le résultat d'une véritable conjugaison. On ne voit pas pourquoi les zoologistes ne se rallieraient pas à l'opinion des botanistes, en reconnaissant dans le phénomène qui nous occupe une véritable fécondation, mais chez des éléments où il n'y a pas encore de différenciation morphologique entre l'élément mâle et l'élément femelle, du moins au point de vue où nous pouvons les juger, car il est évident qu'au point de vue physiologique, il y a des différences sexuelles. Je crois donc qu'il faut encore réserver notre opinion relativement à la signification de la reproduction des Grégarines, reproduction que, pour ma part, je suis très tenté de regarder comme un phénomène sexuel.

La forme de spores est très différente suivant les genres, mais il est remarquable que, dans chaque genre, les spores ont la même forme. Chez les *Clepsidrina*, par exemple, elles sont à peu près rectangulaires ou en forme de petits barillets, tandis que dans d'autres genres, elles ont l'aspect de petites navicules. C'est par suite de cette forme

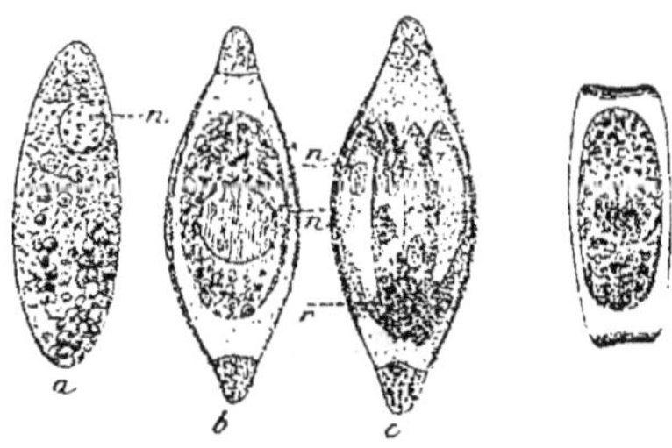

FIG. 15. — *a, b. c*, pseudonavicelles du *Monocystis* du Lombric, à trois stades différents du développement. On voit, chez *a* et *b*, le noyau primitif, *n*, de la spore ; chez *c*, le faisceau des corps falciformes, dont chacun renferme un noyau *n*, et le nucléus de reliquat, *r*. La figure de droite représente une spore mûre de *Clepsidrina Blattarum* (d'après Bütschli.).

des spores, constante dans un même genre, que A. Schneider a pu se servir de ce caractère pour classer les Grégarines par genres, car il est bien difficile d'établir une classification sur les espèces à l'état adulte, surtout chez les Monocystidées où la ressemblance est complète entre certains genres et certaines espèces, par exemple les *Monocystis* et les *Gonospora*. La forme des spores fournit donc un caractère excellent pour l'établissement des genres.

Sous le rapport de leur forme, A. Schneider distingue d'abord des spores *simples* et des spores qu'on peut, avec lui, appeler *concrètes*. Ainsi, chez le *Pileocephalus chinensis*, (Pl. II, A) les spores simples ont la forme de petits croissants, mais en se réunissant par la moitié de leur longueur, elles donnent naissance à des formes trigones, des spores à trois pointes résultant sans doute d'un accolement pendant leur développement; ce qui s'explique, d'ailleurs, fort bien par la marche même de ce développement, et nous montre qu'elles résultent de cellules qui se multiplient par division. Ces formes trigones représentent des cellules incomplètement divisées. — Elles peuvent varier aussi par simple polymorphisme. Ainsi, chez le *Monocystis* du Lombric, la forme typique est la navicelle bien connue (Pl. II, fig. 1), mais on en trouve d'autres qui sont piriformes, fusiformes ou triangulaires (Pl. II. fig. 2). Ce sont, sans doute, des formes concrètes.

Chez ces mêmes *Monocystis*, il y a aussi des différences de taille, des macrospores et des microspores, mais qui ne diffèrent absolument que par la taille (Pl. II, fig. 3) : et, entre les plus grandes et les plus petites spores, on trouve toutes les tailles possibles. Il est donc difficile de dire, au premier abord, si ces spores différentes appartiennent à une même espèce ou à des espèces différentes. Et, en effet, il y a chez le Lombric, d'autres parasites que le *Monocystis agilis*. Ainsi , Schmidt a déjà décrit, chez ce ver, une autre Grégarine, le *Monocystis magna*.

La structure des spores est assez simple. La paroi varie beaucoup comme épaisseur, mais est toujours très résistante. Cette membrane est presque toujours transparente et incolore, excepté chez le *Stylorhynchus* où elle est brune, de sorte que, quand les spores sont réunies dans le kyste, elles donnent à celui-ci une teinte presque aussi noire que celle du charbon, apparence manifeste surtout au moment de la rupture, quand les spores brunes tranchent par leur nuance sur la paroi du kyste qui est incolore (1).

Cette membrane d'enveloppe de la spore est intéressante chez quelques espèces, le *Porospora gigantea*, par exemple, genre établi avec le *Gregarina gigantea* de E. Van Beneden. La membrane est très épaisse et présente des striations comme des canaux poreux (Pl. II, B). Chez une autre Grégarine, l'*Adelea ovata*, — et je crois que c'est

---

(1) Cette teinte noire des spores a été observée aussi récemment chez le *Lophorhynchus insignis* (voir Aimé Schneider. *Arch. de zool. exp.*, t. X, 1882, p. 435).

le seul exemple connu — l'enveloppe de la spore est formée de deux valves, et il est curieux de rencontrer là un caractère que nous trouverons dans certaines Psorospermies avec lesquelles ces organismes ont quelques analogies. D'autres spores sont munies d'un prolongement de la membrane d'enveloppe en forme de queue, chez l'*Urospora Nemertis*, par exemple (Pl. II. fig. 6.)

Relativement au contenu, on ne constate pas moins de différences. Quelquefois, il est complètement homogène, sans granulations, hyalin : tel est le genre *Hyalospora* (Pl. II, C), dont les spores sont des corpuscules absolument transparents. Ou bien, le contenu est granuleux, ce qui se présente chez beaucoup de genres ; mais, il y en a chez qui on trouve un véritable noyau. Ce noyau est presque toujours accompagné de corpuscules fort curieux dont A. Schneider a découvert l'existence chez les Grégarines et qu'il appelle *corpuscules falciformes*. On les trouve, par exemple, dans les spores mûres du *Monocystis* du Lombric (Pl. II, fig. 7), du *Gonospora Terebellœ* (fig. 5), de l'*Urospora Nemertis* (fig. 6), du *Dufouria agilis* (fig. 4) (1). Le nombre de ces singuliers corpuscules varie d'un genre à l'autre : chez le *Monocystis* du Lombric, on en trouve de 6 à 8, chez le *Gonospora Terebellœ*, de 8 à 10, etc.

Comment se forment ces éléments? Evidemment, ils prennent naissance aux dépens de la substance qui forme le contenu de la spore, lequel, quand celle-ci est jeune, est répandu dans toute sa cavité. A mesure que la spore grossit et s'entoure d'une enveloppe, le contenu quitte les pôles et vient se rassembler vers le centre ; et c'est sans doute par suite d'un clivage ou d'une segmentation du contenu que prennent naissance les corpuscules falciformes. Bütschli dit que quand, chez le *Monocystis* du Lombric, on examine la spore par un de ses pôles, on voit les corpuscules falciformes en projection, formant comme une trace de segmentation rayonnant du centre vers la péri-

____

(1) Plus tard ils ont été retrouvés par Schneider chez les *Stylorhynchus, Lophorhynchus, Clepsidrina, Trichorhynchus* (*loc. cit.*)

phérie, tandis que le centre est occupé par un petit amas granuleux. Puis, ils se groupent en faisceau dans l'intérieur de la spore, comprenant entre eux une petite masse qui paraît résulter de la substance interne non employée et qui a l'aspect d'un globule granuleux, ordinairement placé au centre de la spore, entre les corpuscules falciformes, quelquefois à l'une des extrémités. C'est le *nucléus de reliquat* de Schneider (Pl. II, fig. 1-7).

La structure intime des corpuscules falciformes est assez simple. Ils contiennent un protoplasma à peu près homogène, pâle, avec des granulations très fines. Cependant, dans quelques cas, Bütschli et A. Schneider ont vu un noyau, qui, comme je l'ai dit, n'a été décelé encore, à ce que je crois, que chez le *Monocystis* du Lombric (1). Schneider, qui, le premier, en a signalé l'existence, l'a reconnu à l'aide de l'acide osmique, et Bütschli par l'acide acétique et le carmin. Il n'est donc pas douteux qu'il y a des spores contenant des corpuscules falciformes et un noyau. Ces corpuscules falciformes se rencontrent dans les spores à maturité, ou répandus dans l'animal même qui héberge la Grégarine ou les kystes. Mais, quelquefois, ces spores ne se montrent qu'après que le kyste a été évacué, pour les espèces qui habitent le tube digestif, ce qui en rend l'étude extrêmement difficile. Lorsqu'on cultive dans l'eau les spores recueillies avant maturité, on constate que le développement se continue et va jusqu'à la production des corpuscules falciformes, mais il ne se produit jamais d'autres modifications : le développement s'arrête là. C'est donc la phase ultime de ces petits corps, quand on les place dans le monde ambiant. Lorsqu'on les introduit dans l'organisme d'un animal de la même espèce que celui dont ils sont sortis, ces corpuscules falciformes, qui représentent la phase ultime du développement de la spore, deviennent-ils directement de petites Grégarines, ou bien subissent-ils de nouvelles modifications avant de reproduire la Grégarine qui leur a donné naissance ?

(1) Plus récemment, M. Schneider a découvert aussi un noyau dans les corpuscules falciformes des *Stylorhynchus*, *Lophorhynchus* et *Trichorhynchus*.

Pour résoudre cette question, il faudrait suivre le développement des Grégarines ; malheureusement, c'est là la partie la plus incomplète de leur histoire, et, il faut l'avouer, la plus difficile à étudier, aussi bien, du reste, que pour les autres parasites, car les conditions d'observation sont toujours très difficiles à analyser. Ainsi, le premier observateur que nous rencontrons dans cette voie est Stein, qui s'est occupé de savoir ce que deviennent les pseudonavicelles. Il a d'abord vu que, chez la plupart des Insectes, les kystes n'arrivent pas à maturité complète dans le tube digestif de l'animal, sauf chez une espèce, un Hémiptère de la famille des Punaises, le Réduve masqué, *Reduvius personatus* : il s'agit de la Grégarine qu'il a nommée *Sporadina Reduvii*. Chez les autres espèces, il n'a jamais trouvé de kystes mûrs. Il a fini par remarquer que c'est surtout dans la partie postérieure du tube digestif, le gros intestin, qu'on rencontre des kystes présentant des degrés de maturation plus avancée, et pour en trouver qui contiennent des spores tout à fait mûrs, c'est dans les excréments rejetés qu'il faut chercher. Il a trouvé ainsi des kystes mûrs des Grégarines de la Blatte, du Ténébrion de la farine, etc. C'est dans ces conditions aussi que Bütschli a trouvé des kystes rompus et des navicelles mises en liberté, ce qui représente bien le degré ultime de leur maturité.

Stein a donc supposé qu'après leur mise en liberté par la rupture du kyste, les navicelles sont absorbées par des animaux de la même espèce que ceux qui ont hébergé les Grégarines enkystées, qu'elles se développent dans leurs organes en nouveaux individus et que c'est ainsi que commence et se ferme le cycle de leur évolution. Il a vu aussi, dans l'œsophage de quelques Blattes, des kystes qui paraissaient avoir été avalés par ces Insectes et ne provenant pas des Grégarines habitant leur intestin. Il a rencontré encore, dans cette partie de l'intestin, des spores libres et des Grégarines déjà bien reconnaissables, mais dont la taille dépassait à peine celle des spores elles-mêmes : d'où il a conclu au développement direct des spores en petites Grégarines.

Des observations analogues ont été faites par Stein à propos de la Grégarine du Lombric ; toutefois, les choses sont, ici, plus difficiles à comprendre, car ce n'est plus dans l'intestin que vit cette Grégarine, mais dans le testicule, c'est-à-dire dans la cavité génitale du corps. Stein, ayant vu que, chez la Blatte, les kystes ne s'ouvrent qu'après avoir été évacués, supposa qu'il en est de même chez le Lombric. Mais comment les kystes sont-ils évacués, dans ce cas ? On ne sait pas encore très bien comment se fait l'accouplement et comment le sperme est émis chez le Ver de terre ; nous ne sommes donc pas autorisés à dire que Stein s'est trompé, cependant il n'a pas donné de preuves à l'appui de ses assertions. Il a dit que les kystes étaient évacués avec le sperme et tombaient dans le monde ambiant où ils étaient absorbés par d'autres vers. Parvenus dans l'intestin, ils en traversaient la paroi pour se loger dans le testicule. Il a pensé que ces individus migrateurs étaient les Grégarines revêtues d'une cuticule garnie de ces longues soies rigides dont nous avons parlé et qui ne sont que des zoospermes en voie de développement. Il a cru même avoir trouvé, chez ces Grégarines poilues, un aiguillon à la partie antérieure et a supposé qu'elles se servaient de ce petit dard pour percer l'intestin. Parvenues dans le testicule, qui est en connexion avec l'intestin, arrivées, pour ainsi dire, à destination, elles rejetaient leur revêtement poilu et leur dard, désormais inutiles, et devenaient adultes comme celles que l'on trouve dans l'intestin.

Quoi qu'il en soit, Stein n'a pas observé directement la transforma-tion de la pseudonavicelle en Grégarine, car c'est toujours là le point difficile, l'observation directe. On peut donc toujours se poser, après comme avant Stein, la question de savoir si la transformation des spores en Grégarines se fait d'une manière directe ou seulement après des modifications plus ou moins compliquées.

D'après Lieberkühn, (1854), la métamorphose des spores en Gréga-rines est peu compliquée ; néanmoins la pseudonavicelle ne produit pas directement une Grégarine toute formée, comme le croit Stein mais une petite Amibe qui se convertit ensuite en Grégarine. Il affirme

avoir rencontré chez le Lombric toutes les phases de transition entre
l'Amibe et la petite Grégarine, quant à la forme, les granulations
intérieures, le mode de mouvement, etc.

On peut faire à cette assertion de Lieberkühn plusieurs objéctions.
D'abord, il n'a pas observé directement la transformation de l'Amibe
en Grégarine ; ensuite, on peut se demander ce qu'il appelle des
Amibes, car il a pris pour Amibes les corpuscules qui flottent dans la
cavité périviscérale du Lombric, corpuscules appelés vulgairement
globules du sang chez cet animal, et qui sont tellement nombreux
que ce liquide est aussi chargé de corpuscules que le pus. Ce sont les
leucocytes de ces Invertébrés. Ils se comportent comme des Amibes
au point de vue des mouvements et de l'absorption des corps étrangers
qu'ils rencontrent, et l'on peut leur faire absorber des particules
colorées. Lieberkühn n'a donc pas démontré la transformation
des pseudonavicelles en Amibes, ni celle des Amibes en Grégarines.
C'est cette lacune qu'E. van Beneden a cherché a combler.

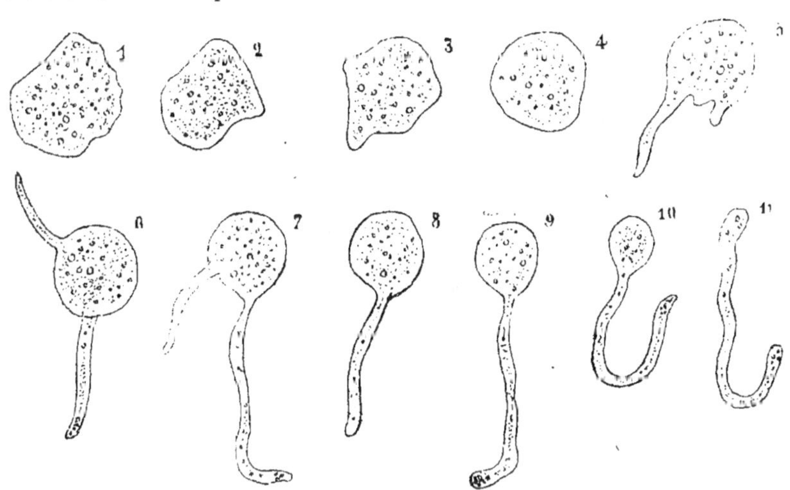

Fig. 16. — Premières phases du développement de la Grégarine géante du Homard
Porospora gigantea (Schn.), 1, 2, 3, 4, phase amiboïde ou de cytode générateur ; 5,
celui-ci commence à produire les deux pseudopodes qui deviendront les pseudofilaires ;
6, 7, états plus avancés de la formation des pseudopodes ; 8, 9, 10, le pseudopo e plus
développé s'est détaché et est d venu une pseudofilaire ; l'autre bras continue à s'accroître
pour se transformer à son tour en pseudofilaire, 11 (d'après E. van Beneden.)

Ed. van Beneden a suivi le développement de la Grégarine géante du Homard. Suivant lui, la Grégarine est d'abord une petite masse arrondie de protoplasma sans enveloppe ni noyau, une Monère qui se meut en émettant des pseudopodes. Mais, à un certain moment, la Monère s'arrondit, rentre ses pseudopodes et ne tarde pas à émettre deux prolongements ou bras qui ont une destinée toute spéciale. C'est la phase de *cytode générateur*. Des deux prolongements, l'un est plus court et pâle, l'autre, plus long, plus gros, plus granuleux, exécute des mouvements de contraction et d'extension très vifs, comme un véritable pseudopode, pendant plusieurs heures. Puis, il s'allonge graduellement, se sépare du cytode générateur, devient indépendant, et se met à se mouvoir comme un petit ver nématoïde. Pendant ce temps, l'autre bras, immobile et pâle, devient semblable au premier en absorbant la substance du cytode, acquiert de l'activité, s'allonge et se contracte à son tour ; c'est un autre pseudopode, qui se développe

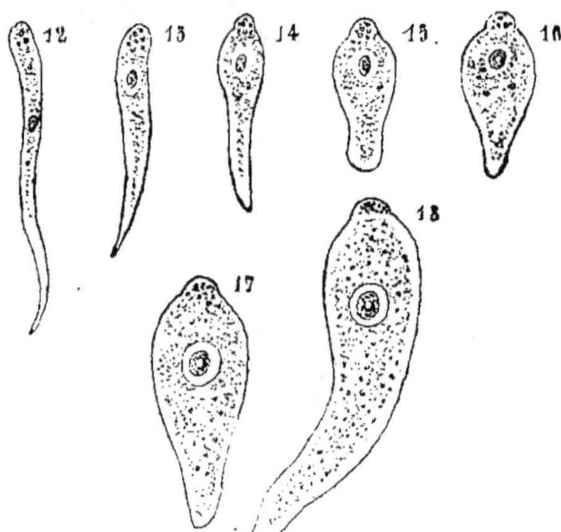

Fig. 17. — Transformation de la pseudofilaire en jeune Grégarine. 12, pseudofilaire montrant le premier vestige du noyau sous la forme d'un nucléole libre; 13, un espace clair s'est formé autour du nucléole et le corps de la pseudofilaire s'est raccourci ; 14, 15, 16, le corps se raccourcit de plus en plus en s'élargissant à une de ses extrémités ; le segment céphalique commence à apparaître sous la forme d'un petit renflement hémisphérique ; 17, 18, la petite Grégarine s'allonge et grossit ; le noyau s'est complètement différencié et une cloison transversale sépare la tête du corps (d'après E. van Beneden.)

et se sépare pour constituer ce petit corps vermiforme que E. van Beneden appelle *pseudofilaire*, en raison de sa ressemblance avec une jeune Filaire. Ces filaments protoplasmiques s'agitent dans le liquide avec des mouvements vermiformes très rapides ; ils sont plus renflés à une extrémité et, peu à peu, ils prennent plus de largeur, s'arrondissent, deviennent ovoïdes, s'immobilisent, et, au milieu de leur

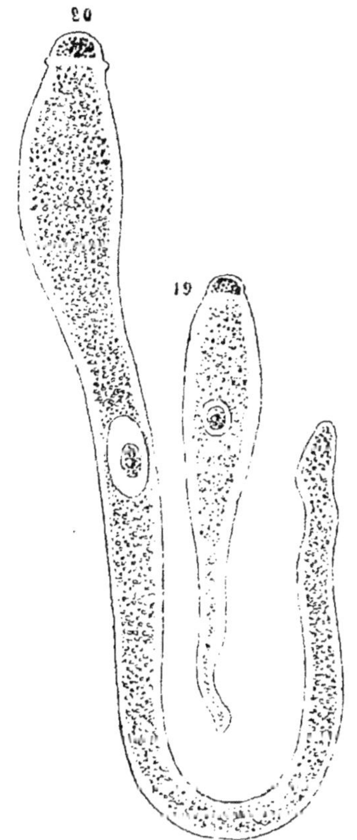

Fig. 18. — Dernières phases du développement de la Grégarine géante
(d'après E. van Beneden).

largeur, on voit apparaître une petite tache foncée, un globule, qui sera le nucléole autour duquel se forme une zone claire constituant le noyau.

C'est alors que commencent les phases qui amènent la pseudofilaire à l'état de Grégarine. Il se forme bientôt à son extrémité antérieure un renflement en coupole dans lequel se concentre le protoplasma granuleux, et, dès ce moment, on reconnait déjà une petite Grégarine qui n'a plus qu'à croître pour devenir la *Gregarina gigantea* du Homar l, laquelle peut atteindre jusqu'à 16 millimètres de longueur.

Telles sont les observations d'E. van Beneden sur cette Grégarine. Elles paraissent bien complètes, mais il est utile qu'elles soient vérifiées. Ray Lankester, un ou deux ans plus tard, a confirmé plusieurs de ces résultats, quoique avec quelques différences (*Quarterly Journ. of Microsc. Science*, 1872). Cet auteur a donné aussi l'histoire de l'évolution d'une Grégarine, mais ce n'est pas une Polycystidée, c'est une Monocystidée, le *Monocystis Sipunculi*.

Les spores dans cette espèce sont munies d'une queue ou prolongement postérieur, comme celles que A. Schneider a vues chez l'*Urospora*. Ce sont les pseudonavicelles qui donnent naissance à une petite Amibe, dans laquelle nous retrouvons la phase monérienne d'E. van Beneden. Il n'y a d'abord pas de membrane d'enveloppe, pas de vésicule contractile, pas de noyau. Mais il ne tarde pas à se former une membrane et un noyau, et cette petite Monère, transformée en cellule, prend de l'accroissement. Toutefois cet accroissement est inégal : la partie antérieure devient plus volumineuse que la partie postérieure qui ne figure plus que comme une queue, qui bientôt, est rejetée. Il ne reste plus que le corps avec son enveloppe. Celui-ci se divise plusieurs fois longitudinalement et les produits de ces divisions sont autant de petites Grégarines qui n'ont plus qu'à grandir. Il y a là quelques traits d'analogie avec les faits signalés par E. van Beneden. Nous trouvons bien la phase monérienne et quelque chose qui ressemble au bras caduque du cytode générateur. Mais, ici, c'est une espèce de queue qui disparaît et c'est le corps qui se développe. On voit donc qu'il y a dans ces observations quelques différences avec celles d'E. van Beneden, et qu'il conviendrait que ces travaux fussent repris et confirmés.

Aimé Schneider a plus dogmatisé qu'observé ; il a critiqué les observations de ses devanciers et n'a pas apporté beaucoup de faits importants à l'histoire de ce développement. Il critique beaucoup la théorie de Lieberkühn qui admet la transformation de la spore en Amibe, et il conteste, justement. je crois, la validité des raisons données par Lieberkühn. Il dit que ni lui ni personne n'a vu cette transformation chez le *Monocystis* du Lombric, et c'est précisément sur cette espèce que Lieberkühn prétend avoir observé cette transformation et avoir rencontré des kystes qui, au lieu de navicelles, renferment des Amibes. De plus, rien ne prouve que ces kystes s'ouvrent dans la cavité du corps du Lombric, et l'analogie établirait, en effet. qu'ils sont destinés à s'ouvrir dans le monde ambiant, — ce que Stein avait déjà reconnu pour les Grégarines des Insectes , et même pour celle du Lombric, dont il est précisément question ici. On sait que la maturation des spores. dans tous les kystes de Grégarines, se fait très bien dans l'eau, tant pour la Grégarine du Lombric que pour les autres. M. Schneider se demande , si cette phase amiboïde existe, pourquoi cette maturation n'irait pas jusqu'à la transformation des spores en Amibes. Il a conservé dans l'eau, pendant deux et trois semaines, des kystes du *Monocystis agilis* et n'a jamais pu obtenir la transformation des spores en Amibes. Ce n'est pas qu'il nie. en principe. cette transformation, mais il montre que les preuves données par Lieberkühn n'ont aucune valeur démonstrative.

D'ailleurs, la Grégarine du Lombric est du nombre de celles qui produisent, dans l'intérieur des spores, des corps falciformes. Or, ces corps avaient été vus par Lieberkühn, qui les a même figurés dans une planche de son ouvrage (Pl. 6, fig. 5), où ils sont très reconnaissables, au nombre de deux, dans chaque navicelle du kyste. Mais il n'y a pas attaché d'importance , puisqu'il n'en parle ni dans la légende, ni dans le texte, laissant à A. Schneider l'honneur d'avoir, le premier, appelé l'attention sur ces corps et d'avoir généralisé leur existence chez les Grégarines. — C'est donc toute une phase qui a échappé à Lieberkühn, et par conséquent ses démonstrations sur l'histoire et le développement de ces êtres sont frappées de défiance.

A. Schneider n'a jamais observé chez les Grégarines de phase amiboïde ; cependant, chez les Psorospermies, il a vu les corps falciformes devenir amiboïdes avant de reproduire la forme type. L'Amibe devrait donc toujours succéder au corps falciforme et non le précéder, comme chez les Coccidies. Donc, dans la Grégarine du Lombric, si cette transformation a lieu, elle doit procéder d'une phase où le contenu de la spore s'est organisé en corpuscules falciformes. Mais il est possible aussi que cette phase amiboïde n'existe pas et que les corpuscules falciformes produisent directement de petites Grégarines dont ils ont déjà l'organisation, c'est-à-dire de petites masses de protoplasma avec un noyau central. Par conséquent, il pourrait se faire qu'il y eût transformation directe.

Maintenant, il y a des espèces nombreuses chez lesquelles on n'a pas rencontré de corpuscules falciformes et dont les navicelles ne contiennent qu'un protoplasma tantôt homogène et clair, tantôt granuleux. Il est possible que, chez ces espèces, les spores se développent comme E. Van Beneden l'a décrit pour la Grégarine du Homard, c'est-à-dire traversent d'abord une phase d'Amibe, puis de cytode générateur, de pseudofilaire, pour arriver à l'état de petite Grégarine. Et il se pourrait que chez les espèces dont les spores présentent à l'intérieur des corps falciformes, celles-ci se développent sans avoir traversé la phase amiboïde. Il y aurait là quelque chose qui ressemble au développement des Psorospermies oviformes et qui établirait une différence entre deux groupes d'êtres qui se ressemblent tant sous d'autres rapports.

En somme, je ne suivrai pas plus loin Aimé Schneider dans ses arguments dogmatiques ; il n'a fait aucune observation personnelle sur le développement d'une Grégarine, et j'adopte complètement sa conclusion, à savoir que l'histoire du développement de ces Protozoaires est encore presque entièrement à faire.

Bütschli a-t-il réussi à soulever un coin de ce voile ? — C'est ce que nous allons examiner. — Il est assez singulier que parmi les nombreux auteurs qui se sont occupés du développement des Grégarines, aucun n'ait songé à la méthode d'investigation qui a fourni de si bons résultats pour l'étude des Helminthes , à savoir faire ingérer à des animaux indemnes des germes de Grégarines, et voir comment ces germes se comportent. C'est ainsi que, pour les Helminthes, on est arrivé à des résultats si remarquables ; il suffit de rappeler les travaux de P. J. Van Beneden, Küchenmeister, Leuckart, von Siebold, etc. — Nous avons vu que Stein avait déjà constaté des faits qui démontrent que les kystes ou les pseudonavicelles des Grégarines sont ingérés par des animaux de même espèce que ceux qui contiennent les Grégarines elle-mêmes adultes. Il avait trouvé un kyste , chez une Blatte , dans l'œsophage, point où jamais on ne rencontre de Grégarine développée. Ce kyste avait donc été ingéré avec les aliments. Cette rencontre eût dû inspirer l'idée de faire quelques observations dans lesquelles on se serait proposé de transmettre les kystes à des Blattes, pour suivre les transformations qu'ils subissent dans le tube digestif ; on ne l'avait pas fait jusqu'ici, et c'est Bütschli qui, le premier, a cherché à recourir à cette méthode. Il a opéré sur la Blatte. Il donna à manger à ces insectes une bouillie de farine et d'eau dans laquelle il avait mêlé des kystes à pseudonavicelles de la *Clepsidrina Blattarum* recueillis dans les excréments d'autres Blattes. Cette bouillie fut mangée avec avidité par les animaux et Bütschli examina ceux-ci au bout de trois jours , s'attendant à trouver les jeunes Grégarines en contact avec l'épithélium du tube digestif. Il fit macérer cet épithélium dans un mélange d'eau salée et d'acide acétique, afin de pouvoir le dissocier plus facilement. Il reconnut ainsi un grand nombre de cellules qui contenaient des Grégarines dont les plus petites dépassaient à peine la taille des pseudonavicelles, de 6 à 8 µ. Elles étaient plongées chacune dans une cellule épithéliale, engagées jusqu'à mi-corps ou un peu au-delà , piriformes , avec la partie la plus large dans l'intérieur de la cellule, le noyau dans la partie extérieure. Le corps ne présentait pas alors de division , et la Grégarine était à l'état de Monocystidée. A côté de ces jeunes formes, d'autres étaient un peu plus avancées, et l'on reconnaissait les deux segments par une cloison ou ligne foncée qui traversait la largeur du corps. La partie contenant le noyau croissait plus rapidement que l'autre qui paraissait devenir la tête ou protomérite. C'étaient donc déjà des Grégarines commençant à atteindre 27 μ. — Comment s'étaient-elles développées ? —

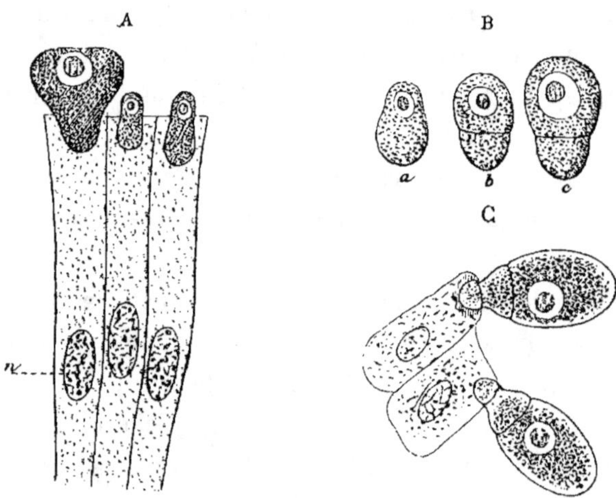

Fig. 18. — Développement de la *Clepridrina Blattarum*. A, jeunes Grégarines dans trois cellules épithéliales de l'intestin ; *n*, noyau de la cellule épithéliale. B, premières phases du développement de ces jeunes ; *a*, avant la formation de la cloison transversale ; *b*, *c*, la cloison s'est formée et divise le corps en deux segments. C, Grégarines plus développées, enfoncées par leur épimérite dans les cellules épithéliales de l'intestin (d'après Bütschli.)

Avaient-elles traversé des phases amiboïde, monérienne, pseudofilaire? Le contenu des pseudonavicelles s'était-il organisé en corpuscules falciformes, et étaient-ce ces corpuscules qui étaient devenus de jeunes Grégarines ? — Ces corpuscules n'ont jamais été observés chez les Grégarines de la Blatte *(Clepsidrina Blattarum)* (1). Le contenu des spores n'est qu'une masse de protoplasma granuleux ; mais il pourrait très bien se faire que les corpuscules ne se produisissent pas quand on cul-

---

(1) Nous avons vu plus haut , p. 55 , note 1^c qu'il faut ranger les *Clepsidrina* parmi les espèces chez lesquelles l'existence de ces corpuscules a été constatée par Aimé Schneider; c'est chez la *C. macrocephala* du *Gryllus sylvestris* qu'il les a observés.

tive les spores dans l'eau, et se forment quand le développement a lieu dans le tube digestif de l'hôte. C'est une voie ouverte à l'hypothèse. — Toutes ces questions n'ont pas reçu de solution par les recherches de Bütschli. Cet observateur n'a donc pas mieux réussi que ses devanciers à jeter quelque jour sur les premières phases du développement des Grégarines ; mais je crois qu'il ne s'est pas placé dans les conditions voulues. Il a nourri des Blattes avec de la farine contenant des pseudonavicelles et ne les a ouvertes qu'au bout de trois jours. Par ce long intervalle de temps entre l'ingestion et l'examen, il a laissé échapper les phases initiales. Il faut suivre les phénomènes pas à pas et ouvrir les Blattes à des intervalles très rapprochés, en commençant quelques heures après l'ingestion, car ces parasites peuvent parcourir très rapidement les différentes phases de leur développement.

Mais d'autres points de l'histoire de ces Grégarines demandent aussi à être éclaircis, et ne l'ont pas été par Bütschli. Nous avons vu que les plus âgées de ces Grégarines étaient formées de deux segments, mais pour arriver à l'état adulte, elles doivent acquérir un troisième segment qui manque encore, l'épimérite ; car chez les Blattes renfermant la Grégarine adulte, Bütschli a trouvé la forme complète, polycystidée, à trois segments, l'épimérite étant enfoncé dans la cellule épithéliale. — Quels sont les rapports des deux segments de la jeune Grégarine avec le troisième segment de l'adulte ? — Est-ce le segment antérieur tout entier qui devient le protomérite de la Grégarine adulte, ou bien se divise-t-il par un septum en deux autres dont l'un devient l'épimérite et l'autre le protomérite ? — Ce sont des questions qui doivent être approfondies et dont nous ignorons encore la solution.

Je vous ai retracé aussi complètement et aussi fidèlement que possible l'état de nos connaissances sur l'histoire de ces parasites, et la conclusion que j'en puis tirer est très simple : c'est que nous ne savons presque rien sur les points les plus importants de cette histoire. Nos connaissances positives s'arrêtent à la transformation du contenu de la spore en corps falciformes, observée chez un certain nombre d'espèces, — ce que nous devons à Aimé Schneider. Mais ces corps représentent-ils la phase ultime du développement dans l'intérieur de la spore? — S'il en est ainsi, comment sont-ils mis en liberté ? — Que deviennent-ils dans ces conditions ? Que font-ils au contact des liquides du tube digestif ? — Se transforment-ils directement en petites Grégarines ? — Aucun auteur, ni même E. Van Beneden, qui a donné l'histoire la plus complète du développement d'une espèce, n'a observé la phase de la transformation des spores et n'a constaté l'existence des corps falciformes. — Et cette condition de la transformation du contenu de la spore ne pourrait-elle pas être une condition indispensable comme chez les Psorospermies oviformes ? — Si c'est une condition nécessaire chez ces Psorospermies, il ne serait pas surprenant qu'il en fût de même chez les Grégarines proprement dites.

Mais la réponse à toutes ces questions nous est encore inconnue. (1)

(1) Schneider a fait récemment (*Comptes rendus*, 3 juillet 1882, et *Arch. de zool. expér.*, t. X, N° 3, p. 423 (1882), des observations intéressantes sur le développement du *Stylorhynchus longicollis*, de l'intestin du *Blaps*. Ayant placé des spores mûres de cette Grégarine dans du liquide intestinal de *Blaps*, il a vu les spores s'ouvrir spontanément et donner issue à un paquet de corpuscules falciformes intriqués les uns dans les autres, et ces paquets isolés se réunir eux-mêmes en pelotons plus ou moins volumineux, dans lesquels les corpuscules continuaient à s'agiter pendant plus de quatre heures, sans qu'aucun d'eux se fût transformé en une Amibe. D'autre part, Schneider a observé dans les cellules épithéliales de l'estomac de ces mêmes Blaps, des petits corps ovoïdes granuleux, munis d'un noyau propre, et ayant la plus grande ressemblance avec les jeunes Grégarines observées par Bütschli dans les cellules épithéliales des Blattes nourries avec les spores de la *Clepsidrina Blattarum*, ainsi que nous l'avons relaté plus haut dans le texte.

II

LES PSOROSPERMIES OVIFORMES OU COCCIDIES.

I

Les Psorospermies oviformes ont été récemment désignées sous le nom de Coccidies par Leuckart dans la deuxième édition de son *Histoire des parasites de l'homme* (1879). En effet, le nom de Psorospermies a été appliqué à quatre catégories d'êtres distincts dans le groupe des Sporozoaires : d'abord aux kystes et aux pseudo-navicelles des Grégarines, par Lieberkühn qui employait très volontiers ce nom ; puis à des Sporozoaires trouvés par J. Müller chez les Poissons, — et c'est précisément pour ces parasites des Poissons que ce nom de Psorospermies a été créé par J. Müller lui-même ; puis, à des organismes rencontrés dans les muscles striés des Mammifères, les tubes de Miescher ou de Rainey, qui ont reçu aussi le nom de Psorospermies utriculiformes ; — et, enfin, aux organismes que nous appelons aujourd'hui Coccidies.

On rencontre fréquemment dans le foie des Lapins, — et je commence en quelque sorte en suivant l'historique de la découverte de ces êtres, qui ont été, en effet, signalés pour la première fois dans les cellules hépatiques du Lapin, — des masses blanchâtres, de consistance variable, tantôt assez solide ou caséeuse, ou liquide ou semi-liquide, qui semblent de petits abcès ramollis, logés dans les canalicules hépatiques qu'ils suivent pendant un trajet plus ou moins long. Les canalicules paraissent injectés par cette matière blanchâtre ou blanc jaunâtre, et cette couleur, qui tranche sur celle du tissu normal, permet de les suivre dans toute leur étendue. Quelquefois cette matière est distribuée irrégulièrement, formant des dilatations tuberculiformes qui présentent tous les degrés de consistance, depuis celle du tubercule cru jusqu'à celle du tubercule ramolli. Ces productions sont une cause de mort pour le Lapin. Quand on les examine au microscope on y constate la présence des éléments altérés du foie, des conduits biliaires dont les cellules épithéliales cylindriques sont détachées et plus ou moins altérées. En même temps, on y trouve de nombreuses granulations libres et des corps fortement granuleux présentant, pour ainsi dire, toutes les dimensions possibles. Les uns et les autres ne sont que des parasites à divers états de développement : les formes incomplètement développées offrant l'aspect de petits corps logés dans les cellules épithéliales qui se sont dilatées, les formes adultes ayant celui de coques ovoïdes constituées par une capsule à double contour contenant dans son intérieur une masse granuleuse d'apparence diverse.

Ces corps ont naturellement beaucoup intrigué les premiers observateurs qui les ont rencontrés. C'est un médecin anglais, Hake, qui, en 1839, les a trouvés le premier dans le foie du Lapin. Depuis lors, ils ont été vus par un grand nombre de naturalistes et de médecins chez une foule d'autres espèces animales, vertébrées et invertébrées, et dans d'autres organes que le foie. On les a signalés chez les Mammifères, les Oiseaux, les Batraciens, les Articulés, les Mollusques, — et même chez l'Homme. C'est ainsi qu'ils ont été trouvés dans les cellules épithéliales de l'intestin chez beaucoup de Mammifères : chez le Lapin, par Remak, Klebs, Kölliker, Lieberkühn, Waldenburg, Vulpian ; chez le Chien par Virchow, Leuckart ; chez le Chat, par Fink (Thèse de Strasbourg, 1854) ; dans l'intestin du Chat, encore par Vulpian (*Comptes rendus de la Soc. de Biologie*, 1858) ; chez la Souris, par Eimer, et, finalement, chez l'Homme (*Mém. de la Soc. de Biol.*, 1858), par Gubler, qui les a rencontrés dans le foie d'un malade dont ils avaient occasionné la mort. Nous reviendrons plus tard sur ce cas.

Ils ont été signalés chez les Oiseaux par Rivolta, Silvestrini, par moi-même, en 1873, dans diverses productions pathologiques chez la Poule ; chez le Triton, par Aimé Schneider. On les a trouvés aussi chez les Mollusques Céphalopodes et Gastéropodes (*Helix hortensis*, etc.), et chez les Articulés, (*Lithobius forficatus, Glomeris.*)

Quelles sont les opinions que les auteurs qui se sont trouvés pour la première fois en présence de ces corps se sont faites sur ces singulières productions ? — Comme cela arrive toujours quand on rencontre un objet nouveau, on a cherché à les rapprocher d'objets déjà connus. Dans le cas qui nous occupe, ces corpuscules ont d'abord été considérés comme des éléments histologiques altérés, de simples productions pathologiques. Hake les regarda comme une forme particulière des globules du pus. C'étaient encore des éléments histologiques altérés pour Nasse, Handfield Jones, Leuckart, autrefois. Puis, on en fit des œufs d'Helminthes, et l'on s'est adressé à toutes les espèces d'Helminthes pour les leur attribuer. Cependant, pour le plus grand nombre et particulièrement pour les auteurs français, c'étaient des œufs d'un Distome ou Douve : ce fut l'opinion de Rayer, de Dujardin, de Brown-Séquard, de Davaine, de Ch. Robin et Lebert, et de Gubler, dans le cas suivi de mort chez l'Homme, dont nous avons parlé. Küchenmeister en fit des œufs d'un Nématoïde, Kölliker d'un Bothriocéphale. Vulpian les a appelés tout simplement des *corps oviformes* et n'a jamais affirmé que ce fût des œufs de Distome, se tenant à ce sujet dans une réserve très louable.

Cependant, dès 1845, Remak avait déjà émis l'opinion que c'étaient des parasites et cherché à les classer à côté des Psorospermies des Poissons que J. Müller avait trouvées en 1841. C'est Remak qui les a rencontrés le premier dans les cellules épithéliales de l'intestin du Lapin. En 1856, Lieberkühn comparait ces corps oviformes à des kystes de Grégarines, assimilant les corpuscules particuliers que nous verrons se former dans leur intérieur aux spores des Grégarines, qu'il appelait des Psorospermies. C'est une vue très juste, mais qu'il n'a pas suivie jusqu'au bout, et il s'est borné à rattacher ces spores aux spores d'une

Grégarine qu'il ne connaissait pas adulte, mais qui devait certainement être reconnue quelque jour. — Nous verrons que dans cette vue de Lieberkühn il y a du vrai et du faux.

Avant d'entrer dans des détails plus particuliers sur l'histoire de ces corps, nous avons d'abord à faire connaître leur structure. Leur organisation fondamentale est la même dans toutes les variétés. Il y a, d'ailleurs, parmi les Coccidies comme parmi tous les autres organismes, des formes plus simples et des formes plus complexes dérivant des premières, et nous verrons que cette complication résulte non pas de différences provenant de l'état adulte, mais du mode de leur développement. C'est ce qui nous amène à parler de leur classification.

Avant Leuckart, on ne distinguait aucune espèce, ni aucun groupe parmi ces organismes : c'étaient des Psorospermies oviformes ou corps oviformes, rien de plus. On décrivait toutes les formes en les rattachant à une même espèce, sans faire aucune tentative de systématisation. C'est Leuckart qui, dans la 2e édition de son Histoire des parasites de l'Homme, a formé le premier genre, *Coccidium*, et la première espèce, *C. oviforme*, pour le parasite trouvé dans le foie du **Lapin**. Depuis lors, on a décrit un grand nombre d'autres espèces, mais jusqu'à ces derniers temps, on n'avait pas encore cherché à établir parmi elles une classification systématique. C'est ce que Aimé Schneider a tenté de faire dans un mémoire récent (*Arch. de Zool. expérimentale* t. X. 1878) en présentant pour la première fois une méthode et un projet de classification dans lequel le genre *Coccidium* ne vient plus en première ligne parcequ'il ne représente pas la forme la plus simple de ce groupe. Nous donnons ci-contre le tableau qui résume cette classification.

Classification des Psorospermies oviformes ou Coccidies

(d'après A. Schneider.)

Tribus.		Genres
1° Tout le contenu du kyste se transforme en une spore unique : Monosporées.	.... Corpuscules au nombre de 4... *Orthospora*.	
	.... Corpuscules en nombre indéfini. *Eimeria*	
2° Le contenu du kyste se convertit en un nombre constant et défini de spores : Oligosporées.	2 Spores (**Disporées**)	Corpuscules en nombre défini.. *Cyclospora*.
		Corpuscules en nombre indéfini. *Isospora*.
	4 Spores (**Tétrasporées**)	1 seul corpuscule. *Coccidium*.
3° Le contenu du kyste se convertit en un grand nombre de spores : Polysporées	.... *Klossia*. (*Benedenia*)	

II

On peut considérer deux périodes chez les Psorospermies oviformes, une période d'accroissement ou de végétation et une période de reproduction. Examinons ces deux phases.

Pendant la première période, d'accroissement ou de végétation : toutes les Psorospermies oviformes ou Coccidies sont formées par de petites masses de protoplasma finement granuleux, munies généralement d'un noyau qui n'est pas toujours très visible au milieu des granulations qui l'entourent ; on n'y voit pas encore de membrane d'enveloppe. La Psorospermie, pendant cette période, vit donc dans l'intérieur d'une cellule, car ces organismes sont des parasites intracellulaires, tandis que les Grégarines, au moins à l'état adulte, sont extracellulaires. Les Coccidies sont incluses dans les cellules épithéliales, et c'est avec raison qu'Aimé Schneider les a comparées, sous cette forme, aux Grégarines monocystidées, car elles ont la même composition. Leur organisation est alors tellement simple qu'il est impossible de les distinguer les unes des autres, et, pour les classer, il est nécessaire de recourir à d'autres caractères qu'elles présentent pendant la période de reproduction. En effet, elles ne diffèrent guère que par une taille plus ou moins volumineuse, par la nature du plasma qui renferme souvent des granulations plus ou moins fines, moléculaires ou plus grossières. Puis, on constate une différence d'habitat, c'est-à-dire qu'elles paraissent assignées chacune à une espèce animale déterminée, et chez cette espèce animale même elles ont certains sièges de prédilection : les unes, le foie ; les autres, les cellules épithéliales de l'intestin, etc. Schneider a même signalé, comme donnant asile à certaines espèces, les vaisseaux de Malpighi des Articulés.

Mais les différences s'accusent davantage pendant la période de reproduction, et ce sont précisément ces différences qui ont fourni à

A. Schneider les bases de sa classification. Avant lui, il n'existait, comme nous l'avons dit, qu'un genre, proposé par Leuckart, pour la Psorospermie oviforme la plus anciennement connue, celle du foie malade du Lapin, le genre *Coccidium*. Aimé Schneider en a ajouté cinq autres et il a réparti ces six genres en trois tribus d'après le nombre des spores qui se forment dans l'individu transformé en kyste. — C'est ainsi qu'il a divisé cette famille en MONOSPORÉES qui ne forment qu'une spore, en OLIGOSPORÉES qui forment un petit nombre de spores, de deux à quatre, et en POLYSPORÉES qui forment un nombre considérable et non défini de spores. Les deux premières de ces tribus sont divisées elles-mêmes d'après les caractères qui constituent les genres. Quand il y a production d'une spore unique et qu'on trouve dans celle-ci un nombre défini de corpuscules falciformes, quatre, par exemple, on a affaire au genre *Orthospora*. Quand, avec une seule spore on rencontre un nombre indéfini de corpuscules falciformes, c'est le genre *Eimeria*. Dans la deuxième tribu, il y a deux sections, celle des **Disporées** et celle des **Tétrasporées**, suivant qu'il y a deux ou quatre spores. Les Disporées fournissent de même deux genres, suivant le nombre de corpuscules falciformes que contiennent ces spores : dans le genre *Cyclospora*, ce nombre est défini ; il est indéfini dans le genre *Isospora*. Les Tétrasporées ne contiennent que le seul genre *Coccidium*, dont chacune des quatre spores ne contient qu'un seul corpuscule falciforme (1). On pourra trouver plus tard une Oligosporée tétrasporée dont chacune des quatre spores contiendra plusieurs corpuscules, cela constituera un genre nouveau. Enfin, la troisième tribu celle des Polysporées, ne renferme que le genre *Klossia*, caractérisé uniquement par le nombre indéfini des spores que produit chaque individu.

D'après ces caractères, la Coccidie la plus simple est celle qui, avec le plus petit nombre de spores, donne le plus petit nombre de corpus-

---

(1) C'est ce que Schneider admettait avec tout le monde à l'époque de la leçon ; nous verrons plus loin, en décrivant le genre *Coccidium*, que le nombre réel des corpuscules de la spore est de deux.

cules falciformes : c'est le genre *Orthospora*. Il est tout entier la création de M. Aimé Schneider. L'*Orthospora propria* habite les cellules épithéliales de l'intestin des Tritons ; nous n'avons pas pu le retrouver. C'est aux environs de Poitiers que cet observateur l'a rencontré dans plusieurs espèces, notamment chez le *Triton cristatus.*

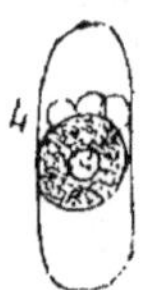

FIG. 19. — *Orthospora propria* du *Triton cristatus* (A. Schneider).

1, Kyste ; 2, 3, contraction du contenu en boule centrale ; 4, 5, 6, formation de la spore ; 7 et 8, corpuscules falciformes.

Cette Psorospermie est une petite masse de protoplasma, d'abord sans enveloppe, qui s'entoure ensuite d'une membrane, grossit, s'enkyste, rompt la cellule dans laquelle elle était contenue et tombe dans la cavité de l'intestin. C'est là qu'on la trouve enkystée. Le contenu remplit d'abord tout le kyste, puis il se contracte en boule ; mais cette contraction présente quelques phénomènes particuliers. Ordinairement, il se forme une boule qui reste au centre du kyste, mais, dans cette espèce, la boule reste en rapport avec un des pôles du kyste. La coque de ce kyste, qui est épaisse et présente un double contour est munie, précisément au pôle où se trouve la masse contractée, d'un petit mamelon ou stigma qui fait saillie dans l'intérieur du kyste. La masse contractée adhère à ce mamelon, puis descend dans le kyste en restant attachée au manchon par un petit filament au bout duquel elle paraît pendre. C'est le *filament suspenseur* d'Aimé Schneider. — Chez d'autres espèces, on rencontre quelque chose d'analogue, mais on ne connaît pas encore la signification de cette disposition. — La masse centrale s'organise alors en quatre corpuscules falciformes, commençant par quatre bourgeons qui se produisent à sa surface par du protoplasma presque hyalin. Ils poussent quelquefois deux d'un côté et deux de l'autre, s'allongent en quatre bâtonnets qui ne méritent pas le nom de « falciformes, » car c'est à peine s'ils sont recourbés. Ils sont plus épais à une extrémité et semblent constitués par trois segments, deux terminaux et un moyen. Le segment moyen paraît taillé en un double biseau par lequel il s'enclave entre les deux segments extrêmes qui ne se touchent que par un point. Le plasma des segments extrêmes est plus homogène et plus clair, tandis que dans le segment en biseau il est plus granuleux. C'est sans doute que le corpuscule n'est pas encore mûr, car tous les corpuscules ne sont pas construits ainsi : il en est qui sont formés d'une seule masse homogène.

En outre des corpuscules, les spores renferment un *noyau de reliquat*, masse sphérique formée par la masse primitive granuleuse qui n'a pas été employée pour la formation des corpuscules.

Que deviennent ces spores et notamment les corpuscules contenus dans leur intérieur ? — Aimé Schneider n'a pas réussi à suivre leur développement qui, sans doute, se fait en dehors de l'animal dans lequel on a trouvé la Psorospermie à l'état complet. Mais nous verrons par la suite, dans d'autres genres, des espèces sur lesquelles on a pu suivre le développement des corpuscules falciformes et reconnaître ce qu'ils deviennent.

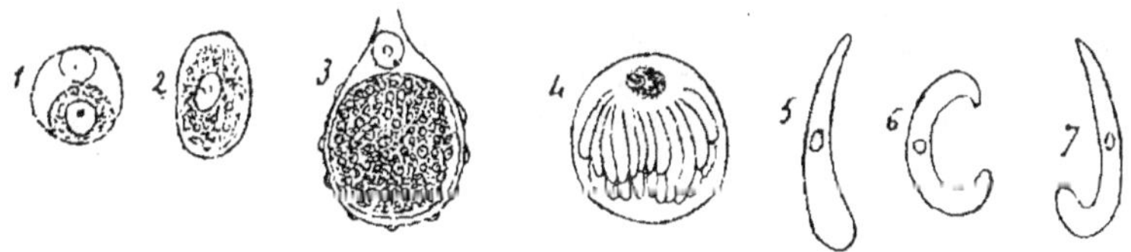

FIG. 20. — *Eimeria nova* du *Glomeris* (A. Schneider).

1, 2. *Eimeria* dans la cellule du *Glomeris* ; 3, rupture de la cellule ; 4, formation des corpuscules falciformes ; 5, 6, 7, corpuscules falciformes nucléés.

Le genre *Eimeria* comprend deux espèces : l'une, ancienne, découverte par Eimer en 1870, et l'autre, nouvelle, *Eimeria nova*, de A. Schneider. Cet auteur l'a rencontrée dans les tubes de Malpighi d'un Myriapode, le *Glomeris*. C'est une petite masse ovalaire avec noyau et nucléole, sans enveloppe, qui grossit, puis s'entoure d'une membrane, rompt la cellule qui la contient et tombe dans la cavité du tube de Malpighi. Elle est alors munie d'une membrane externe, épaisse et résistante, et d'une membrane interne plus mince. Elle se transforme en un faisceau de corpuscules falciformes en rapport par une extrémité avec le noyau de reliquat. Ces corpuscules, traités par l'acide osmique, montrent, d'une manière très nette, un noyau. Ce fait est important puisqu'il y a une théorie d'après laquelle les corpuscules falciformes se transforment directement en Grégarines et en Coccidies. Ces petits corps sont doués de mouvements assez énergiques : ils se recourbent et se redressent en détendant leurs extrémités, pendant un temps plus ou moins considérable et avec une force plus ou moins grande.

Ce n'est pas sur cette espèce qu'on a pu suivre le développement ultérieur des corpuscules falciformes, c'est sur l'autre espèce du même genre, l'*Eimeria falciformis*. On a pu assister à tout le cycle évolutif de ce parasite, petite Coccidie découverte, en 1870, par Eimer, aujourd'hui professeur à Tübingen. Il l'a décrite sous le nom de *Gregarina falciformis*, dans un petit mémoire intitulé : *Recherches sur les Psorospermies oviformes des Vertébrés*. C'est A. Schneider qui, en en fai-

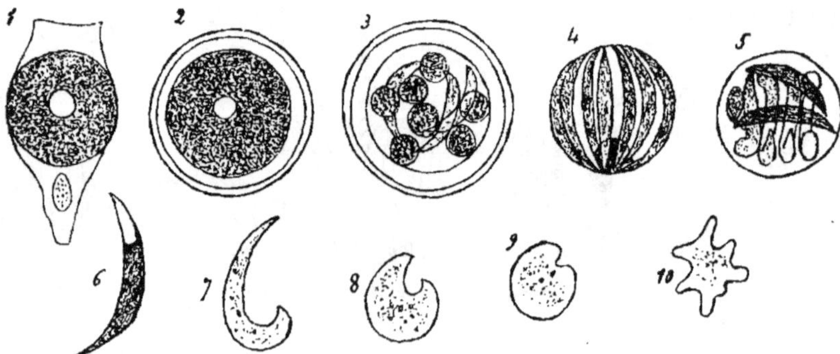

FIG. 24. — *Eimeria falciformis* de la Souris (d'après Eimer).

1, *Eimeria* dans une cellule épithéliale dont le noyau est refoulé ; 2, kyste ; 3, formation de la spore ; 4, 5, spores ; 6, 7, corpuscule falciforme ; 8, 9, 10, corpuscule passant à l'état amiboïde.

sant une Coccidie, lui a donné le nom d'Eimer. Celui-ci nous apprend
qu'il tenait en captivité, depuis assez longtemps, trois souris qu'il nour-
rissait convenablement , lorsque celles-ci vinrent à mourir pour une
cause qu'il ne put pas apprécier. Il les ouvrit et trouva dans l'intestin
une foule de petits organismes dont il a étudié toutes les phases de
développement. Il a vu que les cellules épithéliales de l'intestin renfermaient des masses plus ou moins sphériques et volumineuses de plasma
granuleux, munies d'un noyau, refoulant le noyau propre des cellules
épithéliales. Dans la cavité de l'intestin, il a trouvé des masses semblables, mais libres et entourées d'une double membrane d'enveloppe.
La première membrane, externe, était épaisse, formant coque et la
seconde, plus fine, la tapissait à l'intérieur. Avec ces kystes , il en a
trouvé d'autres dans lesquels la masse interne était divisée en un plus
ou moins grand nombre de sphères, et d'autres dont le contenu était
formé par des bâtonnets falciformes ou recourbés, et disposés comme
les méridiens d'une sphère et appliqués contre la face interne de la
membrane intérieure. Ces bâtonnets, qui sont des corpuscules falciformes, étaient en rapport avec un noyau, le noyau de reliquat. Eimer
a pu suivre toutes les phases de développement des kystes à
contenu indivis jusqu'à la formation des corpuscules falciformes.
Bientôt les corpuscules se dérangent et prennent des dispositions plus
ou moins irrégulières. Mais Eimer a trouvé aussi avec les corpuscules
falciformes, d'autres corpuscules tout semblables, libres dans l'intestin
et les a vus exécuter des mouvements assez énergiques, se recourbant
et se redressant alternativement, quelquefois s'enroulant sur eux-
mêmes. Le plasma paraissait s'accumuler à l'une de leurs extrémités,
et bientôt les corpuscules se transformaient en une espèce de petit globule qui, au bout d'un certain temps, devenait une masse amiboïde.
C'est cette Amibe qui, d'après Eimer, après avoir rampé quelque
temps sur les cellules épithéliales pénètre dans une de ces cellules,
puis grossit et revient à la phase primitive.

Eimer a donc vu et décrit le cycle évolutif tout entier d'une Coccidie ; il s'agit de savoir s'il a bien vu , car ses observations n'ont pas

encore été vérifiées, surtout dans cette phase importante où les corpuscules falciformes se changent en Amibes. Il a trouvé les mêmes kystes à bâtonnets falciformes et des corpuscules libres dans les excréments de ses souris et d'autres souris venant de la même localité. Il en a conclu que ces corpuscules et ces kystes sont rejetés avec les déjections, avalés avec les aliments par d'autres souris dans lesquelles ils se développent, et ainsi de suite.

La différence qui distingue ce genre *Eimeria*, où il ne se forme qu'une spore, du genre *Orthospora*, où il ne se produit aussi qu'une spore, consiste en ce que la spore de ce dernier fournit seulement quatre corpuscules falciformes, tandis que, dans le genre *Eimeria*, elle en produit un nombre indéfini.

Je crois que c'est dans ce même genre qu'il faut faire rentrer la Psorospermie oviforme découverte par Bütschli chez un Myriapode, le *Lithobius forficatus*. En effet, dans un mémoire intéressant publié par lui en 1881 (*Zeitschr. f. wiss. Zool.* t. XXXV), Bütschli décrit une Coccidie qu'il a trouvée à l'état intracellulaire dans les cellules épithéliales de l'intestin du *Lithobius* et qui se présente, à son âge le plus jeune, comme une masse falciforme, offrant un beau noyau avec un gros nucléole. La petite masse est encore nue, mais, à une phase plus avancée, elle présente une membrane d'enveloppe épaisse, doublée d'une couche interne plus fine. La membrane externe porte un épaississement en pointe ou en calotte à l'un de ses pôles.

Ces kystes se trouvent en grandes quantités dans la cavité digestive de l'animal, et, à une phase plus avancée, Bütschli a vu leur transformation en un grand nombre de corps en bâtonnet recourbé, munis d'un noyau et d'un nucléole. Ce sont des faisceaux de corpuscules falciformes doués des mouvements que nous avons déjà décrits. Bütschli insiste sur la découverte qu'il a faite de ce noyau, et il remarque avec raison que c'est la première fois que ce noyau est démontré dans les corpuscules falciformes des Coccidies ; mais chez les Grégarines, Aimé Schneider, en 1875, avait déjà signalé un noyau dans les corpuscules falciformes du *Monocystis agilis* En 1881,

Bütschli a signalé aussi et figuré un noyau dans les corpuscules des Grégarines monocystidées. Chez les Coccidies, la première observation de ce genre n'a pas tardé à être confirmée par A. Schneider chez l'*Eimeria nova*, comme nous venons de le voir. Les observations de ces deux auteurs se sont suivies de très près, car Bütschli a publié les siennes au printemps de l'année 1881 (*Zeitschr. f. wiss. Zool.* t. XXXV), et A. Schneider pendant l'automne suivant (*Arch. de Zool. expérim.* t. IX).

Bütschli a rencontré aussi ces corpuscules falciformes libres dans l'intestin du *Lithobius*; c'est donc au moment où le kyste se rompt. Je vous ai signalé cette forme très jeune reconnue par Bütschli ; il semble qu'elle représente le corpuscule falciforme pénétré , peut-être à l'état d'Amibe, dans les cellules et réalise la forme la plus jeune du parasite. Bütschli n'a pas nommé cette espèce et A. Schneider ne semble pas en avoir eu connaissance. Elle paraît rentrer dans le genre *Eimeria*, car elle présente la caractéristique du genre : une seule spore et un grand nombre de corpuscules falciformes. On peut la désigner sous le nom d'*Eimeria Bütschlii* (1).

Nous arrivons maintenant à la tribu des *Oligosporées*, dans laquelle nous trouvons un premier groupe, celui des **Disporées** , caractérisé par la formation de deux spores et contenant deux genres : d'abord le genre *Cyclospora*. C'est une Oligosporée à deux spores dont chacune contient un nombre défini de corpuscules, mais ordinairement deux. On ne connaît qu'une espèce, le *Cyclospora glomericola*

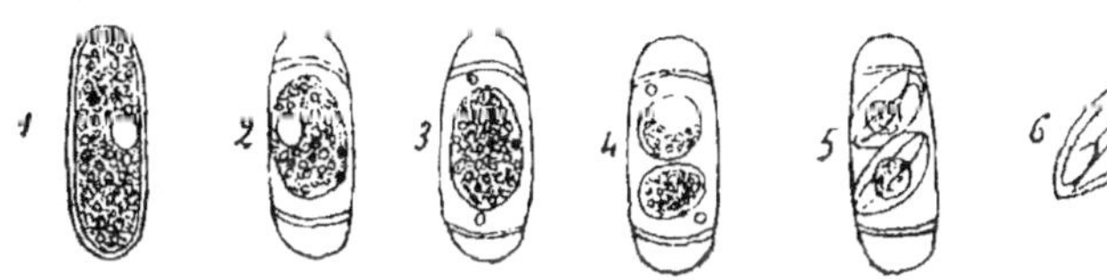

Fig. 22. — *Cyclospora glomericola* (A. Schneider).

1, Kyste 2, contraction du contenu ; 3, 4, formation des sporoblastes ; 5, formation des spores ; 6, spore avec corpuscules falciformes et noyau de reliquat.

(1) Depuis, Bütschli a désigné cette espèce sous le nom d'*Eimeria Schneideri*. (*Protozoa* Bd.) von Bronn's *Klassen und Ordnungen des Thierreichs*, 2. Aufl. p. 575.)

qui se trouve dans les cellules épithéliales de l'intestin du *Glomeris*, ce même Myriapode dans les tubes de Malpighi duquel nous avons rencontré l'*Eimeria nova*. Ce parasite est très fréquent en automne, à l'état enkysté, dans l'intestin de l'animal. Le contenu du kyste remplit d'abord toute sa cavité; puis, il se contracte et abandonne les deux extrémités, les deux pôles opposés de ce kyste ovoïde, pour se concentrer vers le milieu. Pendant qu'il quitte ainsi la paroi interne, il sécrète à sa surface une membrane secondaire, interne, qui vient s'appliquer contre la première. En même temps, on voit le noyau, qui était primitivement renfermé dans le centre même de la masse intérieure, s'avancer peu à peu vers la périphérie en suivant la ligne équatoriale, se placer à la surface, puis disparaître à vue. Disparaît-il réellement, ou devient-il simplement moins accusé en prenant un indice de réfraction et des caractères optiques particuliers? — A ce moment, Aimé Schneider a vu apparaître à chaque pôle, mais dans le contenu du kyste et sous la membrane, un petit globule brillant et arrondi, et il compare cette disparition du noyau avec formation de deux globules à la disparition de la vésicule germinative de l'œuf et à la formation des globules polaires. Cette comparaison est-elle fondée? — Toujours est-il qu'après que ce phénomène s'est produit le contenu du kyste se divise en deux parties et il se forme deux sphères de segmentation, sphères qui bientôt s'organisent chacune en une spore et qui, en raison de cette destination, ont reçu d'Aimé Schneider le nom de *sporoblastes*. Bientôt chaque sporoblaste s'éclaircit à un de ses pôles, s'entoure d'une membrane et produit, dans son intérieur, deux corpuscules falciformes avec un noyau de reliquat. Le développement de ces spores n'a pas été suivi plus loin. J'ajouterai que les spores mûres de cette espèce, renfermées dans le kyste, et même, plus rarement, à l'état de liberté, ont été retrouvées dans les déjections des *Glomeris*. Ainsi répandues dans le monde ambiant, elles sont reprises, probablement avec les matières alimentaires, par des animaux de la même espèce et c'est de cette manière que se fait la propagation de ce *Cyclospora*.

J'arrive au second genre de cette tribu, le genre *Isospora*, dont les kystes ont deux spores formant un nombre indéfini de corpuscules. A ce genre appartient une espèce rencontrée par A. Schneider dans la Limace noire, l'*Isospora rara*. Il est probable que si l'on voulait examiner tous les Invertébrés, et particulièrement les Mollusques, on trouverait un grand nombre de ces petits organismes, et l'on ferait

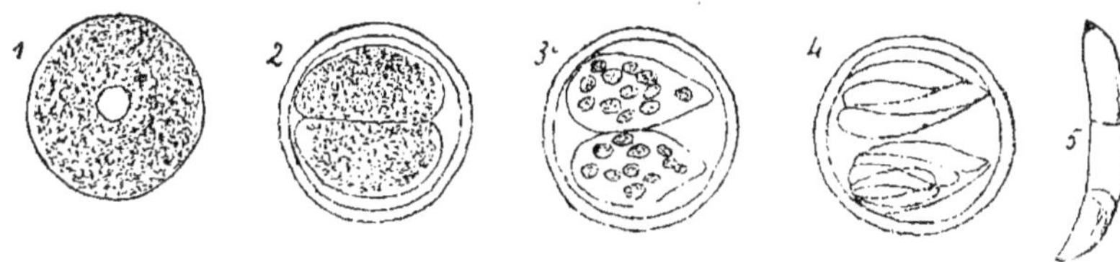

FIG. 23. — *Isospora rara* de la Limace grise (A. Schneider).
1, Kyste ; 2, segmentation du kyste ; 3, formation des spores ; 4, formation des corpuscules falciformes ; 5, corpuscule falciforme.

un riche butin d'espèces nouvelles. L'*Isospora rara* n'a été trouvé qu'exceptionnellement. Dans les kystes, la masse primitive se divise en deux sporoblastes, et chaque sporoblaste se recouvre d'une membrane particulière, membrane propre de la spore dans laquelle le contenu s'organise en nombreux corpuscules falciformes, recourbés, et qui paraissent formés de trois segments dont les deux terminaux plus réfringents. Cette apparence correspond sans doute à un état de maturité incomplète.

La plus intéressante et la plus anciennement connue de toutes les espèces de ce groupe est celle qui habite le foie et les cellules épithéliales de l'intestin du Lapin, le *Coccidium oviforme*. Je vous ai cité les opinions émises sur ce singulier organisme. Nous savons maintenant qu'il appartient au groupe des productions grégarinaires. Lieberkühn a été retenu contre la tendance qu'il avait d'en faire une Grégarine véritable par ce fait qu'il supposait que toutes les Grégarines se reproduisent par une transformation amiboïde qui représente la première phase de leur développement. N'ayant pu constater cette phase amiboïde chez la Psorospermie oviforme du Lapin, il ne l'avait pas classée parmi les Grégarines. Toute l'histoire de cet organisme montre qu'il faut le ranger parmi les Coccidies.

On peut, en effet, distinguer, dans l'évolution de la Psorospermie oviforme du Lapin, une phase d'accroissement et une phase de reproduction. La phase d'accroissement se passe tout entière dans les cellules épithéhales des conduits biliaires de l'hôte, car la Coccidie

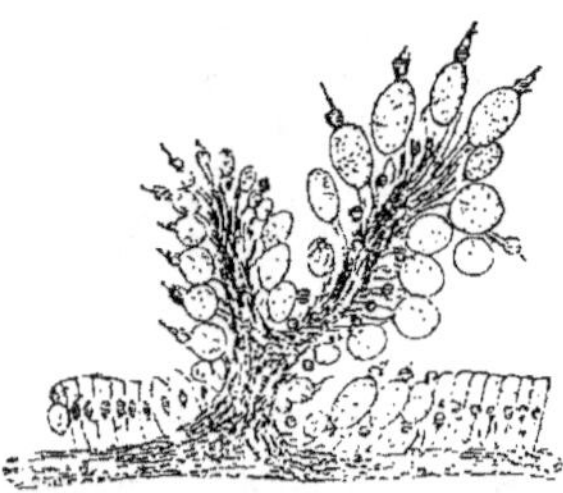

Fig. 24. — *Coccidium oviforme* dans les cellules épithéliales des conduits hépatiques et refoulant les noyaux de ces cellules (d'après Balbiani).

est intracellulaire. Ces conduits sont fortement dilatés par le parasite et il se produit de véritables poches, non seulement en raison de la dilatation des parois, mais par la rupture et la destruction du tissu. Il en résulte un processus d'irritation qui détermine la prolifération du tissu conjonctif du stroma hépatique ; les faisceaux de ce tissu con-

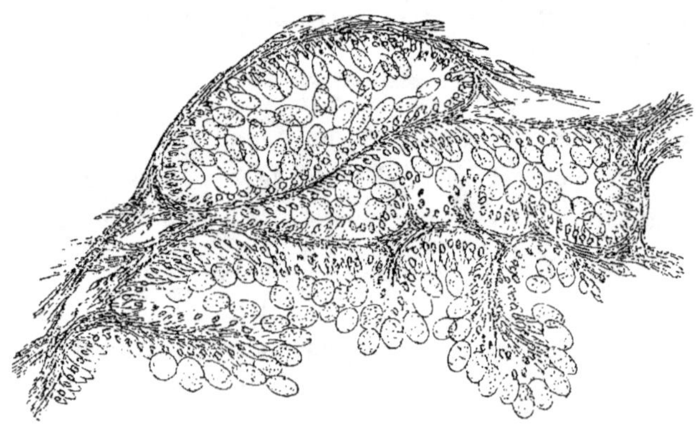

Fig. 25. — Coupe d'un foie de Lapin envahi par le *Coccidium oviforme*. Les conduits hépatiques sont dilatés par les productions parasitaires (d'après Balbiani).

jonctif, les cellules épithéliales implantées sur ce stroma, avec les parasites dans les cellules accrues, tombent dans la cavité de la poche. Quand on incise cette poche, on trouve, dans le liquide caséeux ou purulent qui la remplit, des cellules épithéliales détachées contenant le parasite à toutes ses phases, et formant des masses plus ou moins volumineuses qui refoulent le noyau de la cellule vers une de ses extrémités.

Comme dans les cas que nous avons déjà signalés, le contenu du kyste le remplit d'abord complètement, et celui-ci, qui a la forme d'un œuf allongé, a une paroi plus mince à l'un de ses pôles qui présente une petite dépression en forme de micropyle. Est-ce réellement un micropyle? On ne le sait. — Le contenu, grisâtre, compte, d'après mes mesures récentes, 36 μ de longueur sur 18 μ de largeur. Puis, le kyste grossit et acquiert une paroi plus épaisse; il atteint 43 μ sur 22. Alors, le contenu se contracte en boule au centre, et c'est là la phase ultime du développement que l'on observe dans le foie ou dans l'intestin du Lapin; on n'a jamais vu, dans ces conditions, le parasite organisé différemment, et tous les auteurs sont d'accord à admettre que, pour pouvoir pousser les observations plus loin, il faut placer les kystes dans d'autres conditions.

C'est Kauffmann qui a eu l'idée, en 1847, de réaliser ces nouvelles conditions et de placer les kystes dans l'eau. Il a vu, au bout de quinze jours, le contenu se diviser en deux ou quatre parties, mais toutes les modifications se sont arrêtées là. D'ailleurs, Kauffmann considérait ces corpuscules comme des parties de l'organisme altérées par une maladie qu'il compare à la tuberculose. Ces résultats ont été confirmés, en 1854, par Lieberkühn et, en 1860, par Davaine. Stieda, en 1865, et Waldenburg, en 1867, allèrent plus loin. Ils placèrent des foies de Lapins infestés de Psorospermies dans de l'eau pure ou dans des solutions faibles de bichromate de potasse ou d'acide chromique. C'est ainsi que Waldenburg, au bout de quatre ou cinq jours, Stieda, au bout de quatre ou cinq semaines, observèrent la segmentation du contenu du kyste en deux, puis en quatre parties. Mais, à partir de ce moment, leurs observations présentent de notables divergences. Examinons d'abord l'observation beaucoup plus exacte de Stieda.

D'après lui, chacune des quatre parties du contenu ainsi segmenté s'allonge et produit, dans son intérieur, un bâtonnet cylindrique légèrement recourbé et aux extrémités un peu renflées en une sorte de boule ; dans la concavité du bâtonnet est logée une masse granuleuse, le tout renfermé dans une paroi propre, celle de la spore. Ainsi, Stieda avait bien reconnu quatre spores formant chacune un corpuscule falciforme et un noyau de reliquat, mais il n'employait pas ces termes et ne connaissait pas la signification de ces parties. Il réussit aussi à isoler les bâtonnets qu'il a pu décrire très exactement. *(Arch. f. path. Anat.* t. XXXII, 1865).

Waldenburg s'est trompé dans ses observations, mais comme on les cite souvent, il est utile de les signaler. Après la division du contenu du kyste en quatre parties, chacune de ces parties se diviserait elle-même en quatre autres, ce qui fait seize petites sphères qui sortent du kyste sous forme d'un corps amiboïde et représentent la période la plus jeune du développement de la Psorospermie. *(Virchow's Archiv,* t. XL, 1867).

Les observateurs modernes ont confirmé les assertions de Stieda et réfuté celles de Waldenburg : Leuckart, par exemple, dans la 2e édition de son ouvrage sur les parasites de l'homme. J'ai moi-même beaucoup étudié ces parasites et observé tout le cycle évolutif de la Coccidie du Lapin. Sur les kystes placés dans l'eau, j'ai vu, comme Stieda, la division en quatre spores, mais je suis arrivé à quelques faits particuliers dont je dois dire quelques mots. Quand on relit les auteurs qui ont traité cette question, on est surpris de constater que les divers observateurs varient considérablement dans l'appréciation du temps nécessaire pour le développement et la segmentation du kyste. Kauffmann évalue ce temps à quinze jours à partir de la phase ultime à laquelle on le trouve dans les organes du Lapin. Stieda le porte à six semaines, Lieberkühn à quelques mois. Waldenburg et Reincke *(Diss. inaug.* 1866), dans quelques cas, le fixent à quatre ou cinq jours. Leuckart le considère comme subordonné à la température ambiante ; ainsi, en hiver, dans une chambre chauffée, le développement se fait en quatre semaines, tandis qu'il ne se produit qu'au bout de neuf semaines dans une chambre non chauffée. Quelle est la raison de ces divergences si grandes ? Je crois l'avoir trouvée, car j'ai remarqué que cette durée est, en effet, variable et dépend uniquement des conditions dans lesquelles on place les kystes, de l'accès plus ou moins facile de l'oxygène à la surface de ces corps et de leur activité respiratoire. Ainsi, l'épaisseur de la couche d'eau qui la recouvre a une très grande influence sur le temps que la Psorospermie met à se diviser, mais une fois qu'elle a commencé sa segmentation, les phases se succèdent assez rapidement. En effet, quand on place de petits morceaux de foie infesté de Coccidies dans de l'eau, si la couche d'eau qui les recouvre a une épaisseur de 2 ou 3 centimètres, la segmentation des kystes se produit après un laps de quinze jours à trois semaines. Si la couche d'eau est plus mince et seulement de 2 ou 3 millimètres, et que le vase ait une ouverture très large, comme un verre de montre, par exemple, la segmentation se produit en deux ou trois jours, au moins dans une chambre chauffée à 15-18° C., ou en été. Au bout de dix à quinze jours, les kystes renferment tous des spores bien développées avec des corpuscules falciformes ; puis, une fois commencées, les phases du développement se poursuivent avec la même rapidité sur tous les kystes.

J'ai obtenu les mêmes résultats dans le sable humide qui fournit de très bonnes conditions pour le développement des Psorospermies comme pour celui des œufs des Nématoïdes. C'est par ce moyen, en effet, que Leuckart a réalisé un grand nombre de ses belles expériences sur les Nématoïdes, et les conditions sont meilleures encore que dans l'eau.

On constate des différences analogues quand, au lieu de placer dans l'eau le pus psorospermique, on y dépose des morceaux de foie tout entiers. Il arrive alors que le foie se pourrit et la putréfaction empêche le développement d'un grand nombre de kystes. Ceux qui, devenus

libres, se sont déposés au fond du vase et qui échappent à la putréfaction continuent leur évolution. D'ailleurs, dans toutes les cultures, les
seuls kystes qui se développent sont ceux qui sont arrivés à la phase
ultime, celle où le contenu du kyste est contracté en boule au centre ;
tous les autres restent pendant un certain temps dans le même état,
puis se détruisent plus ou moins rapidement.

III

Nous avons vu, sur le *Coccidium oviforme* et sur d'autres espèces, que le développement des Coccidies s'opère en deux temps ou périodes; pendant la première, les kystes se forment et poussent leur évolution jusqu'à ce que le contenu de ces kystes se contracte en boule au centre, et le processus s'arrête là tant que les kystes sont contenus dans l'animal qui les héberge. La seconde période se passe dans le milieu cosmique ; le développement y reprend et se continue jusqu'à ce que le contenu des kystes se soit converti en quatre spores présentant chacune un corpuscule falciforme, dans le *Coccidium oviforme,* et un noyau de reliquat (1). Il est impossible de ne pas remarquer l'analogie que présente ce mode de développement en deux temps, avec celui d'un grand nombre d'Helminthes, les Nématoïdes, par exemple, chez lesquels l'œuf se développe aussi en deux périodes : première période dans l'intérieur de l'animal qui héberge le parasite, et seconde période dans le milieu ambiant. Ainsi, pour l'Ascaride lombri-coïde, on le trouve, dans les matières excrémentitielles de l'Homme, à l'état d'œuf dont le vitellus remplit encore toute la cavité. Il persiste dans cet état jusqu'à ce qu'il soit mis en contact avec le milieu ambiant. Placé dans l'eau, il reprend son développement après un temps variable avec la température. Schubart, Richter, Leuckart et Davaine ont constaté qu'il a une période de repos qui peut se prolonger de trois mois à six mois (Leuckart et Davaine). Le vitellus se divise alors, et subit la segmentation jusqu'à ce que l'œuf renferme un embryon bien développé. Le Strongle géant, comme je l'ai constaté, présente un état de développement plus avancé dans les organes de l'hôte, car l'œuf s'est déjà divisé en deux sphères de seg-mentation, mais le processus ne va pas plus loin. Cet œuf, un peu

(1) Nous verrons plus loin que, dans cette espèce, chaque spore contient non pas un seul corpuscule falciforme, comme on l'a avancé jusqu'à présent, mais deux.

polygonal, à angles mousses, placé dans l'eau, met cinq mois pour subir le développement qui va jusqu'à la formation d'un embryon. (*Journ. de l'Anat.* de Ch. Robin t. vii, 1871).

On sait aussi que chez beaucoup d'Helminthes, l'embryon séjourne longtemps dans l'œuf sans éclore; quel que soit le temps pendant lequel on garde celui-ci dans l'eau ou dans le sable humide, il ne continue son développement que quand l'œuf se retrouve placé dans le sein de l'animal qui doit être son hôte : l'Homme pour l'Ascaride lombricoïde, mais, pour le Strongle, je n'ai pu trouver l'animal dans lequel s'achève le développement. Pour l'Ascaride lombricoïde, Davaine a trouvé l'embryon vivant au bout de quatre ans, dans l'eau ; il en est probablement de même des Coccidies. Il est à supposer, en effet, que la survie des spores de ces organismes se prolonge pendant longtemps, mais on n'a pas encore de renseignements très précis sur cette question, comme on en possède sur la durée de l'œuf de l'*Ascaris lumbricoïdes* (1).

Ce développement en deux phases étant connu, il est facile de se représenter la manière dont se fait la transmission d'un animal à l'autre. Les kystes, expulsés avec les excréments d'un premier hôte, se développent dans l'eau ou dans la terre humide. En quatorze ou quinze jours, ils sont mûrs et probablement entraînés, les liquides qui les contenaient s'étant desséchés, avec les poussières, par les courants d'air ; ils viennent tomber sur les aliments d'animaux sains. Parvenus de cette manière dans le tube digestif de ceux-ci, les kystes mettent en liberté leurs spores qui se transforment en nouvelles Coccidies ; celles-ci séjournent dans le canal intestinal, si ce sont des Coccidies de l'intestin, ou s'introduisent dans les conduits biliaires par le canal cholédoque, si ce sont des Coccidies du foie.

La propagation des Coccidies est favorisée par la réunion de nombreux animaux dans un même local, ce qui explique la fréquence de ces parasites chez les Lapins, et particulièrement chez ceux de Paris.

(1) Nous conservons depuis le mois d'avril 1882, dans de l'eau pure, des spores mûres de *Coccidium oviforme* dont le contenu, formé par les corpuscules falciforme et le nucléus de reliquat, présente encore un aspect parfaitement frais (note de juin 1883).

D'ailleurs, c'est la loi de toutes les maladies parasitaires de s'entretenir par le rassemblement des individus dans un même lieu. Ces faits expliquent comment la psorospermose est si fréquente chez les Lapins domestiques, tandis qu'elle est rare chez les Lapins sauvages qui ont, en général, un genre de vie tout différent, et sont disséminés sur un vaste espace. Je tiens de mon ami et collègue, le professeur Brown-Séquard, qui a disséqué tant de Lapins des deux mondes, qu'il n'a jamais observé de foie psorospermique chez les Lapins de l'Amérique du Nord, lesquels vivent à l'état sauvage.

Le mode de pénétration de ces parasites par le tube digestif n'est donc pas douteux. Nous avons eu, M. Henneguy et moi, l'occasion d'examiner récemment un jeune Lapin, et dans la masse volumineuse que renfermait l'estomac, ainsi que dans les aliments digérés de l'intestin, nous avons trouvé un grand nombre de Coccidies arrivées à la phase ultime qu'elles atteignent chez les animaux qui les hébergent. L'animal présentait bien quelques petites tumeurs dans son foie, mais les Psorospermies de l'intestin étaient si nombreuses que leur présence ne pouvait pas s'expliquer par celles du foie. C'étaient évidemment des Coccidies ingérées avec les aliments. Du reste, nous en avons trouvé un grand nombre dans l'estomac, ainsi que je l'ai dit, et même dans la partie inférieure de l'œsophage. Ces parasites avaient donc bien été introduits avec les matières alimentaires.

Si ce mode de propagation n'est pas douteux, nous connaissons beaucoup moins bien la marche même de l'évolution du parasite après son introduction dans le tube digestif. Que deviennent les kystes et les spores au contact des liquides de l'estomac et de l'intestin? — Il faut avouer l'insuffisance de nos connaissances à ce sujet. Les seuls observateurs qui aient tenté de résoudre cette question sont Waldenburg et Rivolta. Rivolta a opéré sur des Poules : ces oiseaux sont, en effet, infestés par une Coccidie, mais celle-ci est d'un, autre genre que celle qui nous occupe particulièrement, et les faits peuvent être différents. Waldenburg a expérimenté avec des Lapins. Il a fait ingérer à de jeunes Lapins de quatre semaines des Coccidies qu'il supposait mûres. Après quatre jours, il trouva, à la surface de l'intestin, chez les jeunes animaux, de petites granulations formées d'un plasma granuleux entouré d'une membrane très fine, et présentant quelque analogie avec les jeunes Coccidies des cellules épithéliales du foie. Il fit des expériences de contrôle en tuant des Lapins du même âge, mais élevés dans un autre local. Ceux-ci ne présentaient pas de petits corps granuleux sur la paroi de l'intestin. Je dois cependant ajouter que ces faits ne peuvent pas être acceptés sans quelques réflexions, car Waldenburg ne s'était pas fait une idée très nette de l'évolution du *Coccidium oviforme*. Il n'avait pas vu ces quatre spores mûres indiquées par Stieda ; il a écarté des vues justes pour y substituer des idées erronées, comme on l'a reconnu plus tard. Quant aux expériences de Rivolta sur la Poule, elles ne méritent pas beaucoup plus de confiance que celles de Waldenburg, car il ne s'était pas fait une idée beaucoup plus exacte de l'évolution de ces Psorospermies. Ainsi, dans ses premières observations, il supposait que le contenu du kyste se divisait en quatre globules qui étaient revêtus de cils vibratiles et qu'il comparait à des Infusoires, supposition absolument fausse. (Voir, pour Waldenburg, Virchow's *Archiv*, t. XLIX, 1867 ; et, pour Rivolta, *Giornale medic. veterin.* t. IV, 1869).

On peut se faire une idée *a priori* des phases que traversent ces corps dans l'économie animale. Il est probable que les spores commencent par être mises en liberté avant de se développer. Mais comment? Est-ce par rupture de la membrane du kyste? Sortent-elles par ce point qu'on a nommé micropyle?

Il est probable aussi que ces spores, c'est-à-dire le ou les corpuscules falciformes qu'elles renferment, se transforment en petites masses amiboïdes représentant l'état le plus jeune de la Psorospermie. Que si celles-ci appartiennent à une espèce intestinale, elles se fixent dans les cellules épithéliales de l'intestin, ou bien, si elles appartiennent à une espèce hépatique, elles pénètrent dans le foie par le canal cholédoque. — Telle est probablement la marche de l'évolution de ces parasites, mais ce ne sont là que des vues *a priori*.

Il serait aussi très intéressant de reconnaître par quel mécanisme les petits corps amiboïdes pénètrent dans les cellules épithéliales. Nous connaissons des exemples de cette pénétration d'un parasite dans l'intérieur des cellules chez un grand nombre d'espèces animales et végétales. C'est dans cette cellule animale ou végétale que le parasite achève son développement ; mais nous ignorons presque complètement le mécanisme de cette pénétration : le parasite perce-t-il la membrane, quelquefois très résistante de la cellule par un processus mécanique, ou bien le dissout-il par une action chimique ? Quand nous étudierons d'autres parasites appartenant au groupe des Sporozoaires, nous trouverons encore d'autres cas de pénétration dans les cellules, par exemple, chez les Psorospermies des Poissons et celles des Vers à soie.

Le Lapin n'est pas le seul Mammifère dans les organes duquel on trouve les Psorospermies. On rencontre aussi des organismes du même groupe chez le Chien, le Chat, l'Homme lui-même, mais ils sont moins bien connus que la Coccidie du Lapin, et l'évolution de ces espèces n'a pas été poursuivie comme celle du *Coccidium oviforme*. Malgré leur ressemblance avec cette dernière espèce, il se pourrait qu'elles appartinssent à des espèces différentes. C'est ainsi qu'on aurait pu croire que la Psorospermie qui vit dans les cellules épithéliales de l'intestin de la Souris appartenait au genre Coccidium ; or, nous avons vu qu'elle rentre dans le genre *Eimeria*. Cette Coccidie de la Souris est monosporée, c'est donc à tort qu'Eimer a voulu identifier ces deux espèces. Leuckart incline, au contraire, à en faire deux espèces différentes. Il croit que la Coccidie du Chat, du Lapin, de l'Homme, et peut-être même la Coccidie intestinale du Lapin, appartiennent à une autre espèce que celle du foie de ce dernier animal ; il se fonde pour cela sur diverses raisons, telles que la différence de l'habitat et sur un autre caractère que je considère comme erroné : l'inégale durée de l'incubation de ces Coccidies en dehors de l'économie animale. Ainsi, les Coccidies de l'intestin emploient un temps beaucoup plus court, à ce qu'il croit, pour reprendre la série de leur développement, que les Coccidies du foie qui ne se développent que quelques semaines ou même plusieurs mois plus tard. Leuckart pense pouvoir se fonder sur ce caractère pour attribuer ces Coccidies à des espèces différentes. Je crois, au contraire, pouvoir prouver que ces différences dépendent, comme nous l'avons dit, des conditions de l'incubation et, par exemple, de la quantité d'eau qui recouvre les kystes. Sous une épaisseur assez considérable, 2 à 3 centimètres, l'évolution se fait très lentement, parce que la respiration des organismes s'accomplit difficilement : sous une couche de 2 à 3 millimètres, au contraire, le développement est rapide, parce que la respiration se fait bien.

Quoi qu'il en soit, Leuckart est d'avis de faire une espèce particulière des Coccidies de l'intestin, pour laquelle il propose le nom de *Coccidium perforans* ; ce serait cette espèce qui vit dans les cellules épithéliales de l'intestin chez plusieurs animaux. Quant au nom, il viendrait de ce que c'est sur l'épithélium intestinal qu'on a constaté d'abord la perforation des cellules au moment où les Psorospermies les abandonnent pour tomber à l'état de kystes dans la cavité de l'intestin. L'épithélium subit alors un travail de dénudation qui détermine des irritations et divers phénomènes pathologiques, ainsi que nous l'avons montré pour le *Coccidium oviforme*.

On a observé aussi des Coccidies dans l'intestin de l'Homme, Kjellberg et Eimer en ont trouvé dans des cadavres humains, dans le foie, par exemple, mais leur existence n'avait pu être diagnostiquée pendant la vie. Plus tard, Rivolta et Grassi auraient rencontré des corps oviformes chez l'homme vivant, dans les matières intestinales d'enfants et d'adultes ; chez un jeune garçon, Grassi a constaté, pendant près de trois mois, des Coccidies rendues avec les déjections. Rivolta en a rencontré aussi chez un homme atteint de fièvre intermittente, mais il faut avouer que les descriptions et les figures qui en sont données sont trop incertaines pour qu'on puisse rien affirmer et, pour ma part, je doute fort qu'il s'agisse réellement là de Coccidies, car les figures me paraissent plutôt représenter des œufs d'Helminthes altérés.

Mais une observation beaucoup plus complète et plus intéressante est celle qu'a faite Gubler, et qui se trouve consignée dans les *Mémoires de la Société de biologie* (2e série. t. V, 1858). Cette observation est d'autant plus intéressante que la maladie put être diagnostiquée pendant la vie, non pas au point de vue de l'existence des Psorospermies, mais quant aux lésions produites. Il s'agit d'un ouvrier carrier, âgé de quarante-cinq ans, entré à l'hôpital Beaujon en 1858 pour divers troubles des fonctions digestives, chloro-anémie profonde, etc. Le foie était très augmenté de volume; dans la région hypochondriaque droite, on constatait la présence d'une tumeur pleine de liquide, douloureuse à la pression. Gubler diagnostiqua une tumeur hydatique. Pendant son séjour à l'hôpital, le malade vint à tomber; il fut aussitôt pris de frissons, de douleurs intenses dans le côte droit, de délire, et mourut le surlendemain de sa chute. A l'autopsie, on trouva des lésions très intéressantes. Le foie était très hypertrophié et contenait une vingtaine de tumeurs grosses comme une noix ou un œuf, et une autre, remarquable par ses dimensions : Gubler la compare à la tête d'un fœtus de six mois, c'est-à-dire qu'elle avait de 12 à 15 centimètres de diamètre. Toutes les tumeurs renfermaient une matière de consistance variable, tantôt une masse caséeuse plus ou moins épaisse, tantôt un liquide blanc jaunâtre puriforme, et ces matières renfermaient des quantités prodigieuses de corpuscules oviformes que Gubler et d'autres observateurs regardèrent comme des œufs de Distome, mais, d'après la description très exacte qu'il en donne, il est évident qu'il s'agit de Coccidies. Gubler signale même, à l'extrémité amincie du corpuscule, la petite dépression que nous y connaissons et qu'il compare à un micropyle ou un opercule. Quant au contenu du kyste, tantôt il en remplissait toute la cavité, tantôt il était ramassé en boule au centre, comme nous l'avons vu chez le Lapin. Du reste, et c'était une circonstance qui avait beaucoup frappé Gubler, il lui fut impossible de trouver dans ce foie malade aucun Distome ni aucun autre Helminthe.

En reproduisant cette observation, Leuckart se pose cette question :

comment cet homme a-t-il pris ces germes, comment s'est faite, chez l'Homme, cette invasion de la Coccidie du Lapin? Malheureusement, on n'avait aucun renseignement sur le genre de vie du malade de Gubler. Peut-être a-t-il fait usage d'eau de citerne ou de puits en communication avec une étable à Lapins, ou mangé des aliments salis par la poussière d'une de ces étables? Si cette supposition est vraie, on doit s'étonner que cette maladie ne soit pas plus fréquente chez l'Homme, car il est chez nous des gens qui élèvent des Lapins en grand nombre, vivent pour ainsi dire avec eux, les logent jusque dans la chambre où ils couchent et sont en contact continuel avec ces animaux. Toutefois, cette maladie ne paraît pas être aussi rare qu'on pourrait le supposer. Dressler, de Prague, a trouvé des Psorospermies dans le foie d'un cadavre humain. Leuckart, dans la seconde édition de son grand ouvrage sur les parasites de l'Homme, signale deux autres cas analogues, et il est probable que si l'attention des savants était plus spécialement dirigée de ce côté, les observations de ce genre se multiplieraient de plus en plus.

Mais ce n'est pas seulement dans l'intestin de l'Homme que les Psorospermies paraissent exister. On a prétendu qu'elles peuvent se trouver dans le rein, dans les cheveux, etc. Un médecin russe, Lindemann, dans une première observation que Leuckart rapporte, sans la garantir, dans la première édition de ses *Parasites de l'Homme,* a signalé un malade mort de la maladie de Bright, et dont le rein présentait des amas d'un brun roussâtre, dans la tunique albuginée, amas formés de globules en plus ou moins grand nombre, envahissant la substance du rein et siégeant dans le tissu conjonctif de cet organe, dont ils écartaient les fibres de leur direction normale. L'auteur ne donne pas d'autre détail, et il est bien difficile, d'après ces faits très incomplètement décrits, de savoir s'il s'agit réellement de Psorospermies du rein. Une autre observation présente encore moins de certitude, bien que les journaux parisiens s'en soient jadis emparés et se soient livrés à ce sujet à de nombreuses appréciations plus ou moins fantaisistes. Elle est consignée dans les *Bulletins de la Société Imp.*

des naturalistes de Moscou pour 1863 et se rapporte à des masses psorospermiques trouvées à la racine des cheveux chez une jeune fille. Ces masses avaient 1^{mm} de long, formant des saillies de 1/6 de millimètre composées de globules. Indépendamment de ces masses, l'auteur aurait vu sur les cheveux des corps formés de deux segments, immobiles, présentant un noyau et ressemblant à de véritables Grégarines rampant à la surface du cheveu, ce qui est un siège tout à fait insolite pour ces organismes et incompatible avec le genre de vie de ces êtres. D'après Lindemann, cette Grégarine serait assez fréquente à Nijni-Novgorod et vivrait dans le tube digestif des poux, qui seraient les hôtes habituels de la chevelure des femmes de ce pays; les Grégarines quitteraient les poux pour s'enkyster sur les cheveux, où elles formeraient ces amas psorospermiques. Or, ces cheveux servent souvent à confectionner ces chignons postiches que les dames recherchent avec tant d'empressement, et comme ces Psorospermies résistent à toutes les préparations que les négociants en ces articles font subir aux cheveux, il en résulterait que nos élégantes s'implanteraient sur la tête, à grand renfort d'argent, les Psorospermies contenues dans les excréments des poux russes. — Peut-être n'y a-t-il, au fond de tout cela, qu'un petit roman ?

Des cas plus graves sont ceux que produisent les Psorospermies quand elles constituent des épizooties chez les animaux domestiques, non seulement chez le Lapin, mais aussi chez les volailles. Rivolta et Silvestrini ont observé une mortalité très grande chez les Poules, aux environs de Pise, avec tous les caractères d'une psorospermose. Il s'agissait, en effet, de Psorospermies vivant dans les cellules épithéliales de la conjonctive et des voies aériennes où elles produisaient un gonflement inflammatoire aboutissant à l'asphyxie. En 1873, MM. Arloing et Tripier reçurent d'un vétérinaire des environs de Toulouse, des Poules mortes et d'autres encore vivantes avec lesquelles ils purent entreprendre des expériences. Ces animaux présentaient des tumeurs nombreuses, de volume variable, dans le foie, l'intestin, l'œsophage, les poumons. La mort était précédée d'un état d'émaciation extrême dû à l'inanition, car les Poules ne digéraient pas le peu d'aliments qu'elles prenaient. Les tumeurs étaient presque entièrement composées de Psorospermies et contenaient la même matière tuberculiforme que nous avons vue chez le Lapin. Prié par MM. Arloing et Tripier d'examiner ces produits, j'ai trouvé à ces organismes des caractères analogues à ceux qu'Eimer avait décrits chez la Psorospermie de la Souris. Ce qui est intéressant, c'est qu'Arloing et Tripier ont pu déterminer une psorospermose artificielle en faisant manger à des poulets la matière de ces tumeurs. Du reste, des expériences tout à fait analogues ont été faites, avec le même succès, par Rivolta et Silvestrini.

Tels sont les faits concernant les Psorospermies oviformes appartenant au genre *Coccidium,* qui est certainement le plus intéressant. Si je suis entré dans ces détails, peut-être un peu longs, c'est pour mieux vous montrer que les Psorospermies peuvent jouer un rôle important dans les maladies parasitaires graves, de nature à affecter la forme épizootique, et un peu négligées pour l'étude des maladies attribuées à des Schizomycètes, maladies beaucoup plus redoutables d'ailleurs. Mais j'ai voulu faire voir que les Psorospermies elles-mêmes peuvent déterminer des maladies très graves dont la cause peut être méconnue si l'on ne la recherche pas à l'aide du microscope. Du reste, nous trouverons, en étudiant les autres groupes de Sporozoaires, d'autres agents tout aussi actifs que les Bactériens et tout aussi terribles : tels sont ceux de la pébrine, qui a ruiné l'industrie de la soie dans toute l'Europe, car c'est à peine si, depuis quelques années, cette industrie commence à renaître en France et surtout en Italie.

Il nous reste encore à examiner le genre *Klossia,* créé par Aimé Schneider. C'est à une espèce de ce genre que se rapporte la première description, très complète et très exacte, que nous possédions d'une Psorospermie oviforme, le *Klossia helicina,* description déjà assez ancienne. Ce genre est unique dans cette tribu des POLYSPORÉES, et l'espèce de ce genre qui est le mieux connue vit dans le Colimaçon vulgaire, *Helix hortensis,* dont elle habite le rein (voir l'explication des figures 1 à 7 de la planche III). Son évolution a été complètement et supérieurement étudiée par Hermann Kloss (*Mém. de la Soc. de Senkenberg*, t. I, 1855) dans un mémoire accompagné d'admirables figures. — Tandis que dans tous les autres genres nous avons vu le parasite changer d'habitat pendant le cours de son développement, ici, au contraire, l'évolution se fait tout entière dans la même cellule. C'est une masse granuleuse qui se divise en fragments sphériques, chacun formant une vésicule qui s'entoure d'une paroi assez épaisse et produit à son intérieur des corpuscules falciformes. Ces vésicules sont donc des spores ; elles ont la même constitution que les autres Coccidies et renferment des corpuscules falciformes et un noyau de reliquat. Elles ressemblent donc aux *Eimeria*, mais il y a un grand nombre de spores dans le kyste. Kloss, ayant mis en liberté ces corpuscules falciformes, a constaté chez eux des mouvements de contraction, les extrémités s'éloignent et se rapprochent, et il se forme un petit corps amiboïde qui semble pénétrer dans les cellules épithéliales des canalicules du rein pour recommencer le même cycle d'évolution.

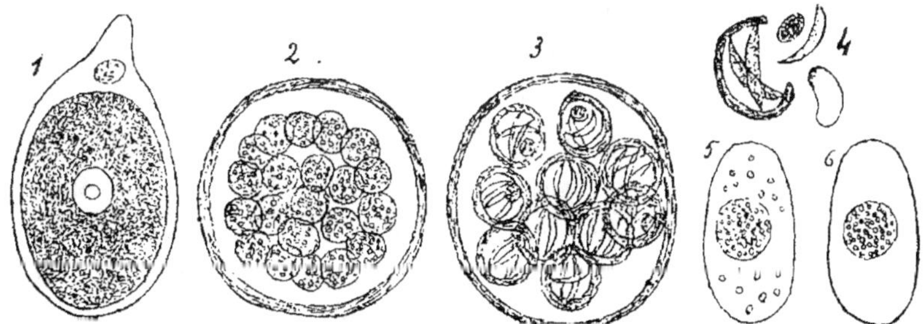

Fig. 26. — *Klossia helicina* de l'*Helix hortensis* (d'après Kloss.)
et Coccidies de l'Homme.

1, *Klossia* dans la cellule de l'*Helix* ; 2, kyste et formation des spores ; 3, organisation des corpuscules falciformes ; 4, corpuscules falciformes mis en liberté ; 5, 6, Coccidies de l'Homme, d'après Leuckart (voir Davaine, *Entozoaires*, 2ᵉ éd. p. 268).

Lorsque Kloss a rencontré ce parasite, il ne savait pas à quel organisme il avait affaire et se contenta de le décrire comme un parasite du rein de l'*Helix* des jardins. Leuckart, dans son *Bericht* de

1855, soupçonna que ce pouvait être une Grégarine. Aimé Schneider démontra que ce n'était pas une Grégarine, mais une Psorospermie oviforme, à laquelle il a donné le nom que nous avons cité plus haut : *Klossia helicina*.

Si Aimé Schneider était remonté seulement une année plus haut dans ses recherches bibliographiques, à 1854, il aurait pu rencontrer une espèce de *Klossia* qui avait été décrite encore avant celle que Kloss a observée chez le Limaçon. C'est Lieberkühn qui, dans son mémoire sur l'évolution des Grégarines, a mentionné la première espèce devant être rapportée à ce genre, mais dans des termes tellement vagues qu'il était difficile de soupçonner qu'il s'agissait d'un *Klossia*. Lieberkühn lui-même croyait avoir affaire à une Grégarine. Il avait vu chez la Seiche, *Sepia officinalis*, des kystes qui renfermaient des spores qu'il décrit comme elliptiques. Il attribue ces kystes à une Grégarine inconnue encore à l'état libre et mobile. Plus tard, ces mêmes kystes ont été trouvés chez le Poulpe et la Seiche par Eberth (*Zeitschr. f. wiss., Zool.* t. XI, 1862), sous forme de vésicules d'un blanc grisâtre, larges quelquefois de 1^{mm}, placées non seulement sous la peau, mais sous la muqueuse de presque tous les organes intérieurs, tantôt éparses, tantôt groupées en petits amas saillants. Eberth attribue ces kystes à une Grégarine qu'il n'a pas non plus rencontrée à l'état libre et mobile. Il donne de nombreuses figures des kystes, pour montrer les variations du contenu. Le kyste contient un grand nombre de globules sphériques granuleux, dont Eberth attribue la formation à une segmentation régulière du contenu ; puis, une membrane se forme à la surface des globules qui s'éclaircissent à l'intérieur, et il donne des figures qui prouvent qu'il avait parfaitement vu les corpuscules falciformes, et cela dès 1862. Il a même considéré cette forme comme un état mûr et représenté une petite masse granuleuse dont la signification lui échappe, et qui est est notre noyau de reliquat.

Il n'existait alors que le travail de Kloss sur la Psorospermie de l'Hélice et il était complètement inconnu, car aucun auteur ne l'a mentionné. Eimer lui-même, qui a donné une bibliographie complète à propos de la Coccidie de la Souris, a ignoré le mémoire de Kloss, ce qu'Aimé Schneider lui reproche très vivement.

Ces mêmes Coccidies des Céphalopodes ont été décrites depuis dans les *Archives de Zoologie expérimentale*, en 1875, par A. Schneider sous le nom de *Benedenia octopiana*, mais l'an dernier, il a identifié les deux genres *Klossia* et *Benedenia*. Pour la Coccidie du Poulpe *Klossia octopiana*, cet auteur donne une bonne description de l'évolution du contenu du kyste et confirme les observations d'Eberth. Il a vu, dans les kystes plus âgés, les sphères se transformer en vésicules ou spores naissantes, puis former des corpuscules falciformes, une quinzaine environ : ces corpuscules sont quelquefois disposés en spirale, d'autres fois parallèlement sur deux rangs se coupant à angle droit, ce qui n'a rien de caractéristique, puisqu'à la maturité leur arrangement se détruit. Isolés, ils sont cylindriques, et, examinés dans le sang du Poulpe, on les voit exécuter des mouvements de contraction dont nous connaissons de nombreux exemples. Dans l'eau, ils sont immobiles. Leurs transformations n'ont pas été suivies (1).

Une troisième espèce vit dans le rein d'un Gastéropode aquatique, le *Neritina fluviatilis*. C'est le *Klossia soror*. A. Schneider a décrit son évolution, et c'est à propos de cette espèce que le mode de formation des spores a été reconnu d'une manière évidente. Les amas granuleux naissent par un véritable bourgeonnement à la surface de la masse granuleuse interne. Ils forment des globules hyalins, très transparents, qui se déplacent, et la masse granuleuse est employée tout entière à la formation de ces bourgeons ou sporoblastes. Les spores mûres ont la structure ordinaire ; leur paroi est épaisse, et elles contiennent quatre corpuscules falciformes avec un noyau interne, ce que nous avons déjà vu plusieurs fois. Ces corpuscules ont déjà la constitution d'une véritable petite Psorospermie, et il est probable que c'est

____

(1) Voir dans les *Archives de Zoologie expérimentale*, t. XI, 1883, p. 77, le nouveau travail de M. Schneider sur la sporulation du *Klossia octopiana*.

par une transformation simple qu'ils passent à l'état de Psorospermie adulte.

Signalons, à propos de cette espèce, une petite erreur dans les planches qui accompagnent le travail d'Aimé Schneider. L'auteur décrit les spores comme contenant quatre corpuscules falciformes, et dans la planche relative à la Psorospermie qui nous occupe on voit une figure dans laquelle une spore contient sept corpuscules. Il paraît, d'ailleurs, que les planches ont été dessinées avant que le texte et, probablement, les observations ne fussent achevées, c'est ce qui explique ces quelques petites divergences.

Telle est l'histoire de tous les genres de Coccidies qui sont connus jusqu'ici. Pour terminer ce chapitre, il me reste à signaler l'extrême ressemblance que ces corpuscules présentent dans leur développement avec les Grégarines proprement dites. On peut les considérer comme des Grégarines différant des autres par quelques traits particuliers qui sont au nombre de quatre. C'est ainsi qu'elles ne mènent jamais la vie libre pendant la période d'accroissement ; elles vivent dans l'intérieur des cellules ; leur enkystement est toujours solitaire et n'est jamais précédé d'une conjugaison. Cet enkystement solitaire a, d'ailleurs, été signalé aussi chez quelques Grégarines véritables, mais il est de règle chez les Psorospermies oviformes. Enfin, elles sont toujours dénuées de mouvement, immobiles à toutes les phases de leur existence. Il n'y a de mouvement que quand le contenu du kyste se transforme en corpuscules falciformes et chez les corpuscules falciformes eux-mêmes, tandis que certaines Grégarines sont excessivement actives. Ajoutons que, chez ces dernières, il se produit toujours des spores très nombreuses dans l'intérieur du kyste, tandis que chez les Psorospermies oviformes nous n'avons trouvé que le seul genre *Klossia* chez lequel il se forme des spores en grand nombre. Dans tous les autres, les spores sont en petit nombre, ou même il n'en existe qu'une seule. Les *Klossia* établissent donc une transition entre le groupe des Coccidies et celui des Grégarines. On peut, en effet, considérer les Coccidies comme des Grégarines modifiées par un parasitisme plus étroit ; elles sont plus dégradées par leur habitat et par leur existence parasitique portée aussi loin que possible, puisqu'elles vivent, non seulement dans les organes de leur hôte, mais dans les cellules mêmes, c'est-à-dire dans les parties élémentaires des tissus anatomiques.

De plus, par la découverte des corpuscules falciformes chez les Grégarines, Aimé Schneider a évidemment fondé sur une base solide la relation des Grégarines et des Coccidies, relation établie par la formation d'un kyste qui a la même constitution dans les deux groupes et donne toujours pour termes ultimes les corpuscules falciformes et le noyau de reliquat. On peut donc dire justement qu'Aimé Schneider a rendu un véritable service à la science par ses remarquables travaux sur les Grégarines et les Psorospermies oviformes ou Coccidies.

Nous devons revenir sur la structure des spores du *Coccidium oviforme*, Psorospermie parasite du foie du Lapin, dont nous avons parlé dans la dernière leçon. Depuis le mémoire de Stieda qui, le premier, en 1865, a décrit le mode de formation des spores dans les kystes, on admettait, avec cet auteur, que chaque spore de cette Coccidie ne renfermait qu'un seul corpuscule falciforme, ayant l'aspect d'un bâtonnet recourbé, renflé en boule aux extrémités, plus étroit à la partie moyenne, embrassant dans sa concavité le noyau de reliquat. Leuckart a confirmé, dans la deuxième édition de son livre sur les *Parasites de l'homme*, l'observation de Stieda. Cependant, par sa forme, ce corpuscule falciforme diffère de ceux des autres Psorospermies qui sont terminés en pointe, et, dans tous les cas, ne présentent pas de renflement en boule aux deux extrémités.

Cette forme du corpuscule, supposé unique, chez le *Coccidium oviforme*, cette différence avec les éléments analogues chez les autres Psorospermies n'ont pas laissé que de m'étonner et j'ai résolu d'étudier de plus près la structure de ces corpuscules ; c'est ce que j'ai fait tout récemment.

Pour observer ces corpuscules avec de forts grossissements, j'ai comprimé les kystes, et ceux-ci, brisés, ont laissé échapper leurs quatre spores. Par la pression, le corpuscule de chacune de ces spores s'est dédoublé en deux bâtonnets qui, dans leur position naturelle, sont accolés l'un contre l'autre, dans une position inverse, tête-bêche (fig. 27, *m*, *n*, *o*). Chacun de ces bâtonnets est recourbé, renflé à une de ses extrémités qui est homogène et réfringente, pointu à l'autre extrémité qui est plus granuleuse. Suivant les hasards de l'opération ces deux bâtonnets prennent, à la suite de la compression, des positions diverses, mais à l'état naturel, ils sont toujours étroitement appliqués l'un contre l'autre, dans une situation inverse, de manière à figurer un seul corpuscule renflé aux deux extrémités (*m*).

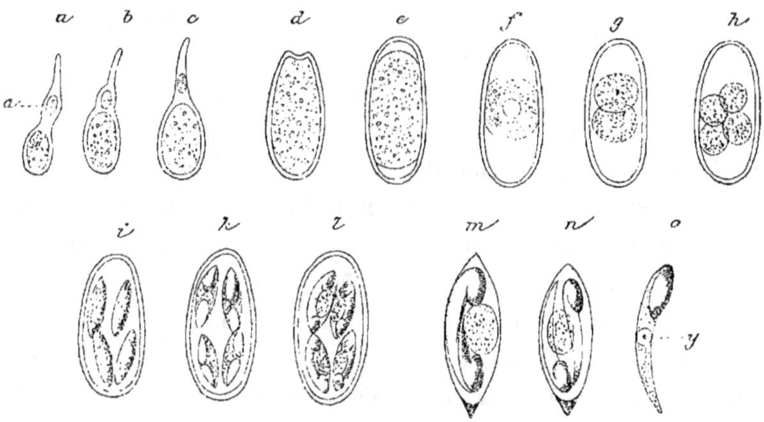

FIG. 27. — *Coccidium oviforme* du foie du Lapin (d'après Balbiani).

a, *b*, *c*, jeunes Coccidies renfermées dans les cellules épithéliales des canalicules hépatiques; *a*, noyau de la cellule épithéliale; — *d*, *e*, *f*, Coccidies adultes enkystées; — *g - l*, développement des spores; — *m*, spore mûre isolée, très grossie, montrant les deux corpuscules falciformes dans leur position naturelle avec le nucléus de reliquat; — *n*, spore comprimée avec les deux corpuscules écartés l'un de l'autre; — *o*, un corpuscule falciforme; *y*, son noyau.

Il résulte de cette observation nouvelle que les corpuscules falciformes dans la Coccidie du Lapin sont constitués comme chez les autres espèces. J'ai aussi, à l'aide de très forts grossissements, voulu me rendre compte de leur structure intime, et j'ai pu constater leur analogie avec ce que les mêmes éléments présentent chez certaines espèces. Ainsi, ils possèdent un noyau, fig. 27 *o, y*, placé un peu au-dessous de la partie renflée homogène, réfringente. Ce noyau est muni d'un petit nucléole dont la présence est très difficile à constater. On peut cependant y parvenir à l'aide de l'acide osmique et du picrocarminate qu'on laisse agir pendant quarante-huit heures, parce que la membrane de la spore jouit d'une grande imperméabilité. Chacun de ces bâtonnets présente donc la structure typique que nous avons reconnue chez les Psorospermies.

Ainsi, le nombre des corpuscules falciformes est de deux au lieu d'un. Il faut donc corriger sur ce point la caractéristique qu'Aimé Schneider donne au genre *Coccidium*, laquelle reste la même pour tout le reste : c'est-à-dire que ce genre présente quatre spores contenant chacune deux corpuscules falciformes.

III

LES PSOROSPERMIES UTRICULIFORMES

OU SARCOSPORIDIES.

I

Les *Psorospermies utriculiformes* que l'on désigne souvent sous le nom de *tubes de Miescher* ou *de Rainey*, nous sont encore très peu connues, bien qu'elles soient très fréquentes, par exemple, chez le Bœuf, le Mouton, le Porc et autres Mammifères, même à l'état sauvage. C'est chez la Souris qu'elles ont été trouvées pour la première fois par F. Miescher, professeur à Bâle, en 1843 (*Mém. de la Soc. d'hist. naturelle* de Bâle). C'est dans les muscles qu'il les a rencontrées, et, en effet, ces Psorospermies sont toujours des parasites des muscles, et exclusivement des muscles striés. Il a observé des tubes allongés mesurant quelquefois 1, 2 et 3 millimètres de longueur, dirigés dans le sens des fibres, revêtus d'une paroi membraneuse, mince, avec un contenu particulier, composé de petits corps globuleux ou ovalaires, remplissant la cavité du tube, en quantités innombrables. — (Ce mémoire se trouve dans le recueil, assez rare, que nous avons cité plus haut, mais les figures originales sont reproduites dans une note que von Siebold a publiée dans le tome V du *Zeitschr. f. wiss. Zool.* avec une analyse et explication des figures).

En présence de ces tubes, Miescher ne supposait pas avoir affaire à un parasite, ou, du moins, il les expliquait par une altération pathologique des fibres musculaires. Il croyait que le sarcolemme, au lieu de se remplir de fibrilles, se remplissait de ces tubes, et que c'était le sarcolemme lui-même transformé ; mais cela n'excluait pas non plus l'idée que ce pût être des parasites. Siebold s'est rangé à cette dernière manière de voir quand il a retrouvé ces mêmes tubes, et les a considérés comme des parasites végétaux, des entophytes, de la famille des

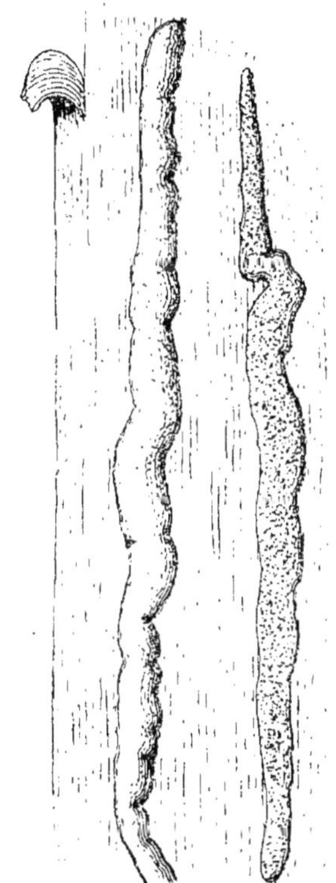

Fig. 2. — Tubes psorospermiques des muscles de la Souris
(figure de Miescher, reproduite d'après Siebold.)

Mucédinées. A cette époque, de 1840 à 1850, il caractérisait comme animal tout organisme doué de mouvement, et comme végétal tout ce qui était immobile ; c'est pour cette raison qu'il classa ces tubes parmi les végétaux. On sait aujourd'hui que ce schéma doit être écarté, car le mouvement n'est plus regardé comme un caractère de l'animalité.

Puis, vint Hessling qui observa dans le muscle du cœur du bœuf, du mouton, du chevreuil, des productions semblables (*Zeitschrift F. wiss. Zool.*, t. V, 1854). Il les décrivit comme des masses allongées, situées dans l'épaisseur des fibres musculaires, masses présentant aussi un contenu et une membrane formant une utricule élastique, épaisse, homogène. Le contenu serait divisé en boules, masses ou parties sphériques, formées de corpuscules analogues à ceux que Miescher avait vus dans les tubes psorospermiques de la Souris. Hessling compare ce contenu aux spores de certains Champignons et croit avoir vu ces corps se multiplier par division, car il en a observé qui présentaient une strie transversale qu'il considéra comme une trace de division.

Ces mêmes productions ont été vues ensuite par un grand nombre d'auteurs chez beaucoup d'animaux, mais toujours chez des Mammifères et dans les muscles striés. Je citerai pour mémoire les observations de Leisering et Winckler, de Dammann sur les Psorospermies utriculiformes du Mouton ; mais nous reviendrons sur ces travaux. Puis, ceux de Pagenstecher sur les mêmes tubes trouvés chez un Bouc ; de Virchow, chez le Porc ; de Ratzel, chez le Singe ; enfin l'observation du Dr Huet sur les Psorospermies d'un Otarie mort, il y a quelques jours, au Muséum d'Histoire naturelle de Paris, et chez lequel il n'y a pas un seul faisceau primitif des muscles qui ne renferme de ces tubes. (*Bull. de la Soc. de Biologie*, 1882). Mais, jusqu'ici, on ne les a pas trouvés chez l'Homme, tandis que nous savons que l'Homme peut être atteint de Psorospermies oviformes.

La description la plus complète que je connaisse de ces productions est due à Manz et à Leuckart. Les observations de Manz (*Arch. f. mikr. Anat.*, t. III, 1867) sont relatives aux Psorospermies du Porc, animal dont les tissus sont un véritable musée d'organismes parasitaires de toutes sortes. Chez le Porc, ces masses psorospermiques se sont présentées à Manz sous la forme vue par Hessling, c'est-à-dire de corps plus ou moins allongés, suivant que le muscle est contracté ou étendu. La paroi est formée par une cuticule très épaisse, surtout aux extrémités, traversée par des lignes radiaires très nombreuses et serrées, que Manz interprêtait volontiers comme des cils ou comme des fissures très fines produites dans cette cuticule épaisse. Ce sont des canalicules poreux. C'est la manière de voir de Leuckart. Mais d'autres auteurs, Rivolta. Rainey, les ont décrits comme des cils vibratiles. Cette cuticule épaisse se désagrège facilement, se rompt en petits bâtonnets. C'est pourquoi ces masses psorospermiques sont peu maniables : quand on veut les enlever, la cuticule se brise. On ne peut les isoler que quand elles sont jeunes, alors que la cuticule présente plus de résistance. Le contenu est formé

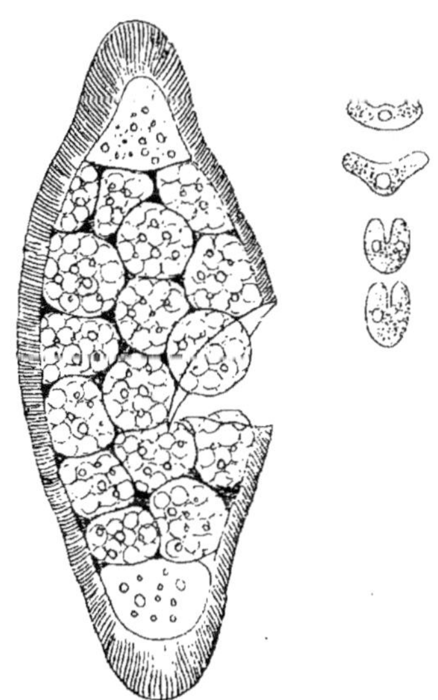

Fig. 29. — Tube psorospermique du diaphragme du Porc, dont l'enveloppe est rompue sur un point. On voit à côté quelques-uns des corpuscules qui en forment le contenu (d'après Manz.)

par des corps de toutes formes, globuleux, ovalaires, en croissant ou réniformes, dans les tubes que Manz considère comme adultes. Dans les jeunes, qui ont un millimètre de longueur et moins, ce sont des globules ou vésicules qu'il compare à des leucocytes avec noyau. Il suppose que c'est dans ces vésicules que s'organisent les corpuscules réniformes, puis que la petite membrane d'enveloppe se détruit. Il croit aussi, comme Hessling, que ces corpuscules peuvent se multiplier par division. Ils ne sont pas répandus uniformément dans la cavité du tube, mais forment des masses sphériques qui deviennent polyédriques par compression. Quelques auteurs ont même supposé que ces masses arrondies sont contenues dans des loges fermées, cloisonnées. Ainsi pense Ratzel pour les Psorospermies du Singe qu'il a observées, et chez lesquelles il y avait des tubes qui mesuraient de deux à trois millimètres de longueur, sur 0^{mm},20 de largeur. Les corpuscules ne dépassent guère 4 à 6 μ.

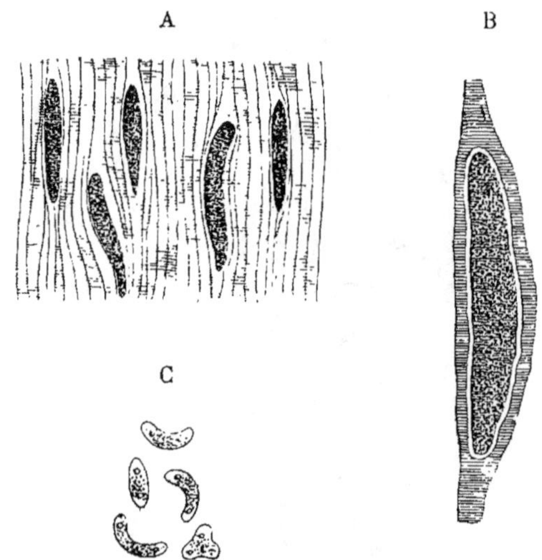

Fig. 30. — Psorospermies des muscles du Porc : A, vues à un grossissement de 40 diamètres ; B, fibre musculaire isolée contenant un tube psorospermique, grossie 100 fois. C, corpuscules formant le contenu des tubes (d'après Leuckart).

Chez l'Otarie étudié par le Dr Huet, les tubes avaient de un à quatre millimètres de long, sur 20 à 30 μ de large. Il y en avait aussi de plus courts. Ils se prolongeaient dans l'intérieur des faisceaux primitifs, sous le sarcolemme, dans l'épaisseur du faisceau, quelquefois se rapprochant du sarcolemme. Les corpuscules, étudiés par le Dr Huet avec un objectif à immersion, sont décrits comme ayant la forme d'un croissant.

Sur un fragment de muscle conservé dans l'alcool et qui m'a été remis par M. Mégnin, je n'ai observé que des corpuscules naviculaires très

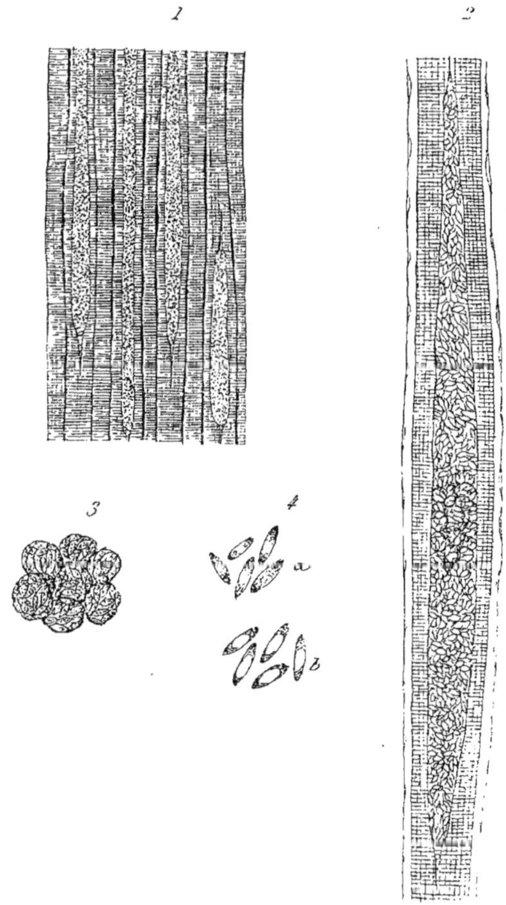

Fig. 31. — Psorospermies utriculiformes de l'Otarie (*Otaria Californiana*) (d'après Balbiani).

1, Fragment de muscle strié montrant les Psorospermies dans les faisceaux musculaires ; — 2, faisceau primitif plus grossi occupé par une Psorospermie ; — 3, groupe de masses arrondies contenant les corpuscules ; — 4, corpuscules isolés : *a*, non mûrs ; *b*, corpuscules mûrs.

petits, libres dans la cavité du tube ou agglomérés en masses arrondies (Fig. 30, *a*, *b*). Nous n'avons ici rien qui ressemble à la cuticule épaisse avec canaux poreux dont nous avons parlé plus haut à propos de la Psorospermie utriculiforme du Porc. Ces tubes rappellent plutôt ceux de la Souris. La cavité du tube n'est pas divisée en masses ou portions arrondies et les corpuscules la remplissent complètement et d'une façon uniforme.

Telles sont les connaissances que nous possédons jusqu'à présent sur ces parasites. On a cherché à interpréter la signification de ces différentes parties. C'est ainsi que Leuckart a voulu comparer ces boules ou masses distinctes qui remplissent les tubes de la Psorospermie du Porc à des spores, et les corpuscules réniformes qu'elles renferment aux corpuscules falciformes des Grégarines et des Coccidies. Je ne sais pas si cette comparaison est juste, mais pour les spores, il faudrait qu'elles fussent entourées d'une membrane, et personne n'a signalé l'existence de cette membrane. Par conséquent, il convient d'attendre de nouvelles recherches pour établir le bien fondé de cette comparaison.

Nous avons vu que le siège, pour ainsi dire exclusif de ces productions est les muscles striés volontaires, et même les muscles striés involontaires, comme ceux de l'œsophage dans sa partie supérieure.On les a trouvées dans l'œsophage du Mouton, dans certaines tumeurs formées sur l'œsophage du Cheval (Siedamgrotzki, 1872). Il arrive même quelquefois que tous les muscles en sont tellement farcis qu'on n'enlève pas la plus petite partie de substance musculaire, — et c'est le cas de cet Otarie dont nous avons parlé, — sans y rencontrer des tubes psorospermiques. Mais les muscles de prédilection sont ceux qui sont voisins du canal digestif, le psoas, le diaphragme, la langue, et même l'œil. Il est probable que le tube digestif est le point de départ de l'infection. Les parasites pénètrent par les voies digestives et émigrent dans les muscles voisins, comme les Trichines. C'est en raison de ce siège exclusif que je propose de les désigner sous un nom plus significatif que « tubes de Miescher », ou « Psorospermies utriculiformes », plus conforme à nos habitudes scientifiques, le nom de SARCOSPORIDIES, correspondant aux COCCIDIES de Leuckart, aux MYXOSPORIDIES de Bütschli, et qui rappelle leur caractère le plus constant.

Quand il s'agit de l'histoire des parasites, il est toujours une question très intéressante qui se présente des premières : quel est le mode de transmission de ce parasite ? — Il est probable qu'il se transmet par le canal alimentaire, mais jusqu'ici les expériences directes manquent complètement. Manz a fait avaler à des animaux de la chair infestée de Psorospermies utriculiformes, mais quand il chercha à retrouver les parasites chez ces animaux, il n'en aperçut aucune trace dans les parois de l'intestin et dans les muscles.

A propos de leur histoire pathologique, on peut se demander si ces Psorospermies déterminent des troubles graves quand elles existent en grande quantité. Est-il une maladie spéciale qui soit due à leur présence dans les muscles ?—Virchow a publié dans son *Archiv*, t. 37, 1866, un travail sur ce sujet. Il a pris des renseignements sur l'état de santé des animaux dans les muscles desquels il avait trouvé un grand nombre de ces parasites, Porc, Mouton, etc., renseignements qui lui ont appris que certains symptômes graves s'étaient montrés pendant la vie chez ces animaux. Ceux-ci éprouvaient, au moins pendant les derniers temps, une soif ardente, de l'anoréxie, une température élévée, des taches ou des nodosités avaient apparu sur les téguments ; ils montraient souvent de la gêne dans la marche et une paralysie partielle du train postérieur.

Chez l'Homme ou chez l'animal qui mange cette chair infestée, peut-il se produire des effets nuisibles ? Nous n'en savons rien. L'expérience de Manz n'est pas probante; il faudrait faire de nouvelles recherches. Mais il est évident que, pour exercer des effets nuisibles, il faudrait que cette viande infestée fût consommée crue ou cuite seulement en dehors, comme certains jambons. Ratzel a vu que le Singe chez lequel il a observé des Psorospermies était, depuis plusieurs semaines, souffrant et presque paralysé, et, en effet, les parasites étaient très nombreux dans tous les muscles.

On a observé aussi de véritables épizooties causées par ces parasites, surtout sur des troupeaux de moutons. (Leisering et Winckler, *Arch*. de Virchow, 1866). A Marienwerder, en Prusse, les Moutons mouraient subitement avec de nombreuses tumeurs sur l'œsophage, tumeurs jaunâtres, du volume d'un pois à celui d'une noisette, situées surtout dans la paroi musculaire de l'œsophage, proéminant dans le tissu conjonctif entourant ce conduit. Ces tumeurs contenaient toutes un liquide plus ou moins dense, ayant l'aspect du pus ou du lait et contenant une immense quantité de ces corpuscules que nous connaissons. D'autres fois, les tumeurs étaient moins ramollies et formées par une substance dense, présentant alors l'aspect des tubes psorospermiques serrés les uns contre les autres, de telle sorte que la substance musculaire avait presque entièrement disparu.

Dammann, chez le Mouton (*Virchow's Archiv,* t. 41, 1867), les a trouvées en très grand nombre rassemblées dans le pharynx, le larynx, l'œsophage, où elles déterminaient une irritation vive, de l'œdème de la glotte, jusqu'à l'asphyxie. Elles existaient même dans le diaphragme, les muscles intercostaux et abdominaux que l'on trouvait remplis de tubes ou de corpuscules libres.

Le résultat de ces faits et d'autres analogues est que les Sarcosporidies peuvent occasionner des accidents mortels, comme les Coccidies oviformes du Lapin, mais ce que nous connaissons le moins, c'est leur mode de transmission d'un individu à un autre. Que cette transmission se fasse par les voies alimentaires, cela ne paraît pas douteux, mais est-ce par spores libres, en nature, répandues dans l'air respiré ou dans l'eau des boissons? est-ce par l'ingestion de viandes qui en contiennent? — On a trouvé les Sarcosporidies chez des carnivores, mais sauf l'Otarie, c'est toujours chez les herbivores ou les omnivores qu'on les a signalées. Toutes ces questions sont loin, comme on le voit, d'être élucidées.

Enfin, une dernière question qui se présente est celle qui concerne leur place dans la classification méthodique. Ces parasites sont-ils des Sporozoaires? — C'est l'opinion de la plupart des auteurs et celle de Leuckart. En fait, il est difficile de les classer ailleurs. Siebold et quelques autres auteurs en faisaient des végétaux; mais, à cette époque, on les connaissait encore moins qu'aujourd'hui, et nous avons vu, d'ailleurs, sur quel criterium on se fondait pour faire un végétal de ces organismes.

Je crois que leurs affinités les plus prochaines sont avec les Sporozoaires, et particulièrement en raison de la forme de ces corps qu'on doit regarder comme reproducteurs, corps réniformes ou fusiformes qui rappellent les corps falciformes des Grégarines et des Coccidies. Ils se rapprochent encore des Coccidies, habitants intracellulaires des épithéliums, par leur siège exclusif, l'intérieur des cellules musculaires. Mais ces tubes ainsi formés et remplis de corpuscules propagateurs ne représentent que l'état de reproduction de ces êtres, il doit exister un état antérieur, représentant l'état de végétation ou d'accroissement, comme il en existe un chez les Grégarines et les Coccidies. On possède, en effet, quelques observations tendant à démontrer que ces tubes ont une phase antérieure.

Il s'agit des observations faites avec beaucoup de soin par Hessling sur les Psorospermies utriculiformes du cœur du Bœuf, du Mouton et du Chevreuil. Il a vu de petits amas arrondis ou ovalaires, exclusivement formés par un plasma finement granuleux, sans enveloppe ni noyau. Puis, ces amas ont grossi, revêtu une membrane d'enveloppe, et il a apparu dans leur intérieur des globules pâles. Ces globules, d'après Manz, sont des spores naissantes. Ces détails rappellent la manière dont les spores se forment dans certaines Coccidies. Ces spores prendraient plus tard la forme d'un croissant ou d'un rein. On est donc en droit de faire un rapprochement entre ces tubes sarcosporidiques et les Psorospermies utriculiformes. Nous verrons du reste, en étudiant les autres Psorospermies, que chez ces dernières, celles des Poissons et des Insectes, le mode de développement serait analogue à celui que nous venons de décrire.

II

Si les Psorospermies utriculiformes dont nous venons de parler n'ont avec les autres Sporozoaires que des affinités incertaines, bien moins certaines encore sont les relations qu'ont avec ces organismes les produits parasitiques dont j'ai maintenant à vous entretenir et dont je ne trouve pas à fixer ailleurs la position. C'est donc, pour ainsi dire, en appendice à ce que nous avons dit précédemment que je vais les décrire.

Ce n'est pas à l'intérieur des organes, dans les fibres musculaires striées, qu'ont été rencontrés les tubes parasitaires dont je veux vous parler maintenant, mais fixés sur les pattes, sur les branchies des larves d'Insectes aquatiques, Phryganes, Libellules, et certains Crustacés, le *Gammarus pulex*, l'*Asellus aquaticus,* etc.

Il s'agit de tubes droits ou, quelquefois, plus ou moins recourbés, que l'on trouve fixés par une extrémité sur les pattes d'un Insecte aquatique ou d'un Crustacé. Ces organismes vivent libres dans l'eau, l'animal ne leur fournit qu'un support. Ils ont été observés d'abord par Lieberkühn (*Archiv* de Müller, 1856), puis par Lachmann (*Verhandl. d. naturh. Ver. preuss. Rheinl.* 16. Jahrg. 1859) par Schenk (*Würzb. Verhandl.* 1859); enfin, par Cienkowski (*Botan. Zeitung,* 1859) qui en a donné la description la plus complète et la plus exacte.

Sous la forme que j'estime la plus jeune, ce sont des tubes hyalins formés par une membrane très mince dans laquelle est un contenu granuleux avec plusieurs noyaux disséminés. La longueur des tubes peut atteindre un demi-millimètre (fig. 32, *a*). A côté de ceux-ci, il en est d'autres qui présentent un stade plus avancé. Le contenu est représenté par des corps fusiformes disposés en une ou plusieurs rangées en spirale, comme tournant dans l'intérieur du tube (*b, d*). Mis en liberté par la destruction de la paroi, ils se fixent sur l'animal ou sur un autre, subissent de nouvelles transformations et se remplissent à leur tour de corps fusiformes qui passent par les mêmes phases.

Pendant tout le printemps, en été et en automne, la reproduction de ces organismes se fait par des corps amiboïdes résultant du fractionnement du contenu des tubes autour de chaque noyau, et mis en liberté

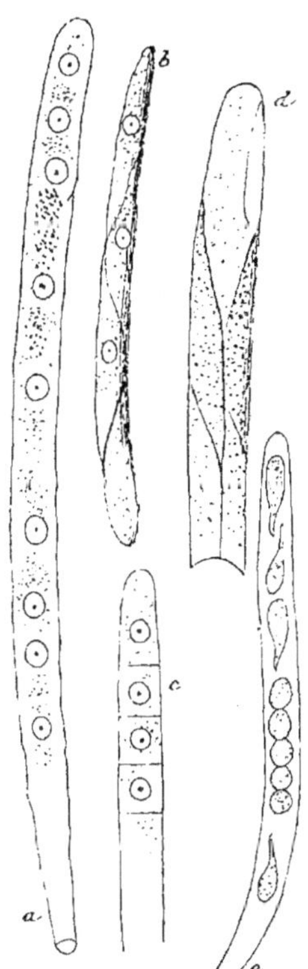

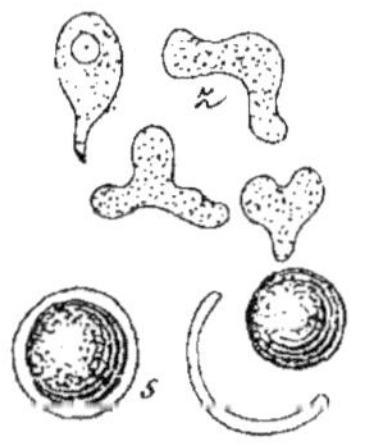

Fig. 33— *Amœbidium parasiticum.* — Zoospores libres et enkystées (Cienkowski).

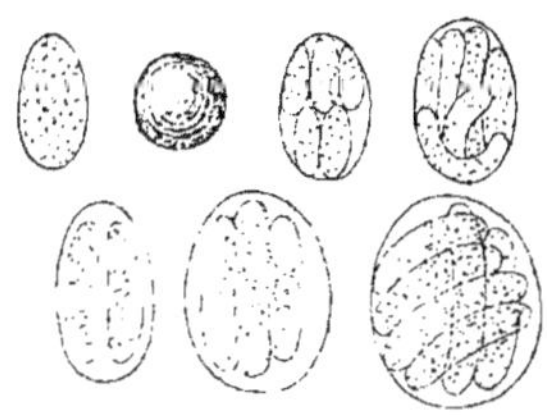

Fig. 34.— *Amœbidium parasiticum.* — Spores enkystées en voie de segmentation (Cienkowski).

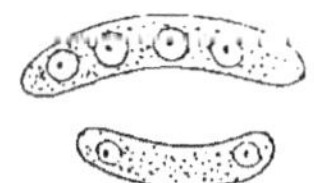

Fig. 35 — Jeunes *Amœbidium* libres (Cienkowski).

Fig. 32. — *Amœbidium parasiticum,* (d'après Cienkowski).

par une ouverture dans le tube, soit à une extrémité, soit sur sa longueur (*e*). C'est ce que Cienkowski regarde comme des zoospores qui ressemblent à l'*Amœba diffluens* d'Ehrenberg. Ils sont caractérisés par leurs larges expansions pseudopodiques et par la fluidité de leur plasma (fig. 33, *z*). Cependant, Cienkowski a vu que ces spores n'absorbent pas les grains de carmin dont les Amibes ordinaires sont avides. Quand elles se sont mues pendant quelques heures, elles deviennent immobiles, grossissent, et leur contenu se segmente en corps fusiformes plus ou moins analogues à ceux qui ont été engendrés dans les tubes pendant la première période de l'année (fig. 34). Quelques corps amiboïdes, au lieu d'engendrer directement des corps fusiformes, passent à un état de repos, s'enkystent et restent immobiles pendant quelque temps (fig. 33, *s*) ; enfin, leur contenu s'organise aussi en corps fusiformes.

Ajoutons que dans ces tubes, comme dans les Psorospermies utriculiformes que je vous ai décrites antérieurement, on a signalé de nombreuses gouttelettes graisseuses mêlées aux corpuscules fusiformes.

Quelle est la nature de ces organismes ? — Je vous ai dit que je ne croyais pas pouvoir les mieux placer qu'à la suite des Sarcosporidies, et c'est là, en effet, que les rangent, depuis Lieberkühn, la plupart des auteurs. Toutefois, Cienkowski, qui est botaniste, en a fait des végétaux dont il a cherché les affinités parmi les Champignons. Il a désigné l'un d'eux sous le nom d'*Amœbidium parasiticum*. Il est, en effet, plus facile de les nommer que de les classer ; cependant, je crois que si on les découvrait maintenant, on serait moins embarrassé pour trouver leur place dans la classification, surtout en raison de la production de ces corps fusiformes ou falciformes.

Mais, si cette présomption est fondée, si l'on doit considérer les *Amœbidium* comme des Psorospermies utriculiformes ou Sarcosporidies, je pense qu'il faut en faire une section à part, à côté de ces habitants des muscles. Ils s'en distinguent, en effet, par plusieurs points. Ils vivent à l'extérieur ; et même sont-ce de véritables parasites ? Je crois que ce nom ne leur convient guère et qu'ils n'empruntent rien à l'hôte qui ne leur fournit qu'un point d'appui, les transporte à travers le monde ambiant et favorise ainsi l'accomplissement des phénomènes de leur vie. Ce sont donc plutôt des commensaux que des parasites.

Nous savons, d'ailleurs, que ces faits de commensalisme de deux êtres qui s'associent pour se prêter une aide réciproque ne sont pas rares parmi les Protozoaires ; nous en avons vu des exemples chez les Ciliés, comme les *Epistylis anastatica, E. branchiophila*, qui vivent sur les larves de Phryganides et de Crustacés ; comme le *Zoothamnium Aselli* sur l'*Asellus aquaticus ;* comme l'*Opercularia berberina* sur les Insectes aquatiques. Chez les Flagellés, nous trouvons des faits du même genre : le *Chlorangium stentorinum* vit sur les Stentors, le *Colacium calvum* sur les Daphnies. Il en est de même pour les Acinétiens : le *Dendrocometes paradoxus* vit en compagnie du *Spirochona gemmipara* sur les branchies des Crevettines, etc.

D'ailleurs, il est probable qu'avant de devenir des parasites internes, les Psorospermies ont commencé par vivre à la surface de leur hôte. Ainsi, nous avons vu le *Klossia octopiana* vivre dans les organes, mais aussi au dehors, dans la peau du Poulpe. On rencontre des faits analogues chez les Psorospermies des Poissons et des Insectes ; on les trouve au dedans et à la surface de la peau, des branchies, et aussi dans le foie, la rate, le rein, le cœur. Les Myxosporidies présentent même cet avantage qu'on a pu suivre sur elles les dégradations organiques qu'entraînent les conditions diverses de leur existence, l'ectoparasitisme et l'endoparasitisme. Ces êtres, en effet, sont d'autant plus compliqués que leur vie se passe au dehors, en contact avec l'air libre ; d'autant plus simples, au contraire, qu'ils vivent plus complètement dans la profondeur des organes.

IV

LES PSOROSPERMIES DES POISSONS

OU MYXOSPORIDIES.

I

Pour suivre, comme nous le faisons d'habitude, l'ordre historique du développement de nos connaissances sur ces organismes, il nous faut remonter à l'année 1838, époque à laquelle un observateur belge, Gluge, professeur à l'université de Bruxelles, décrivit une maladie cutanée chez l'Épinoche. Gluge publia un petit mémoire sur ce sujet dans les *Bulletins de l'Académie des Sciences de Belgique* (t. V, 1838). Sur l'épiderme des Épinoches, cette maladie produit des petites tumeurs pustuleuses, sphériques, plus ou moins nombreuses, blanchâtres, dont le volume varie depuis celui d'une tête d'épingle jusqu'à la grosseur d'un pois, adhérentes à la peau. Leur siége est variable aussi ; on les trouve sur le dos, le ventre, à l'angle de la mâchoire, sur la nageoire caudale. Quand on les pique, il en sort un liquide blanchâtre comme du lait, visqueux, coagulable par l'alcool, renfermé dans une membrane qui double intérieurement la petite vésicule formée par les tissus du Poisson. C'est donc un véritable kyste à membrane propre, lisse et transparente. Au microscope, Gluge reconnut dans le liquide une infinie quantité de corpuscules ovalaires.

Il n'entre d'ailleurs dans aucun détail à leur sujet, mais signale seulement la résistance qu'ils présentent aux réactifs chimiques, comme l'alcool, la potasse caustique, les acides minéraux concentrés, comme l'acide sulfurique. Il pensa que ces corpuscules étaient des cristaux analogues à ceux qui donnent aux téguments des Poissons leur couleur métallique et irisée, et qui se trouvent dans la profondeur de la peau sous forme de plaques ou de plaquettes cristalloïdes à aspect argentin. La composition chimique de ces plaques est, du reste, mal connue : on .es suppose formées de phosphate de chaux ou de magnésie combiné à une matière organique, probablement la guanine.

Cette observation de Gluge passa inaperçue. C'est Jean Müller qui, le premier, appela d'une manière particulière l'attention sur ces productions. En 1841, dans son *Archiv*, il décrivit, chez diverses espèces de Poissons d'eau douce, une maladie cutanée, sorte d'exanthème vésiculeux affectant la peau de différentes parties du corps, la muqueuse de la voûte palatine et divers autres points. Chez un jeune Brochet, il trouva pour la première fois ces petites tumeurs arrondies dans l'épaisseur des muscles de l'œil et de la sclérotique ; elles mesuraient depuis un cinquième de ligne à une demi-ligne. Ces tumeurs contenaient une matière blanchâtre sous forme d'un liquide plus ou moins visqueux. Cette matière était presque entièrement composée de granulations moléculaires mêlées à une quantité innombrable de petits corpuscules que Müller compara à des spermatozoïdes, présentant une tête allongée et une longue queue. Ils étaient formés d'une enveloppe résistante et ne dépassaient guère le volume d'un corpuscule sanguin du Brochet. Le corps de ces petits éléments était formé par la membrane qui paraissait continue sur toute la surface et présentait un aplatissement sur les côtés, ce qui en faisait, vu de profil, un corps lenticulaire aplati, avec une sorte de bordure mince tout autour

Müller a vu, en outre, qu'à l'opposé de la partie caudale existent deux vésicules géminées, convergeant par leur extrémité antérieure vers le pôle supérieur du corpuscule, où elles paraissent fixées à un petit bouton, et divergeant par leur extrémité postérieure. La cavité du corps paraît remplie d'une substance gélatineuse homogène avec quelques rares granulations. La queue, qu'il comparait à celle d'un spermatozoïde, est immobile et va en s'amincissant vers l'extrémité; elle a trois ou quatre fois la longueur du corps, et, dans certains cas, est fourchue, soit à l'extrémité seulement, soit dans une partie plus ou moins grande de sa longueur. Mis au contact de l'eau, ces petits corps se conservent pendant un temps très long.

Pour rappeler à la fois la forme de ces corpuscules ressemblant à des spermatozoïdes et, en même temps, la maladie cutanée dont ils paraissent devoir être la cause, J. Müller leur a donné le nom de **Psorospermies**, de ψώρα, gale, et de σπέρμα, semence. Il poursuivit ses études, examina d'autres espèces de Poissons et retrouva chez beaucoup d'entre elles des petits corps analogues, mais dont la forme était différente. Ainsi, chez le *Lucioperca Sandra*, chez le *Cyprinus rutilus*, le *Perca fluviatilis*, il trouva des corpuscules semblables, mais dépouvus de queue, et dont l'organisation, dans ses traits principaux, était identique à celle des corpuscules du Brochet; c'est-à-dire qu'ils présentaient un corps plus ou moins ovalaire, arrondi ou allongé, avec des vésicules géminées plus ou moins grosses et rapprochées.

Plus tard encore, il trouva des kystes cutanés analogues, contenant des Psorospermies, dans la vessie natatoire d'un Poisson de mer, la Merluche, (*Gadus merluccius*). Le pêcheur de qui il tenait ce dernier Poisson, lui apprit que la maladie cutanée dont il était affecté était très fréquente chez les Merluches qu'elle rendait impropres à être livrées à la consommation. Existait-il une relation entre le mauvais état du Poisson et la maladie dont il était atteint? C'est une question que nous examinerons plus tard. Pour moi, je ne fais pas un doute que la maigreur extrême de celui de Müller ne fût due aux Psorospermies, et nous verrons, en effet, que souvent le corps des Poissons est absolument farci de ces parasites.

Quant au développement de ces corps, J. Müller n'a presque rien observé. Il a vu des Psorospermies dans lesquelles les vésicules géminées étaient libres dans la cavité du corpuscule ; d'autres fois, deux corpuscules étaient placés parallèlement l'un à l'autre dans une même enveloppe et se touchaient par leur face latérale. J. Müller crut que ces dispositions résultaient d'une transformation des vésicules géminées et que ces organismes se multipliaient par une sorte de génération endogène.

Tous ces faits sont parfaitement exacts, mais leur interprétation n'est pas toujours juste. D'ailleurs, Jean Müller rencontra des corpuscules psorospermiques dans les Poissons des provenances les plus diverses, de l'Inde, de l'Amérique, des différentes contrées de l'Europe : les pièces des collections ichthylogiques de Berlin, conservées dans l'alcool, furent examinées par lui, et un grand nombre présentaient de ces tumeurs qui jusqu'alors avaient échappé à l'attention des naturalistes.

De 1842 à 1845, Creplin, en Allemagne, et Dujardin, en France, observèrent ces Psorospermies. Dujardin en parle dans l'Appendice de son *Histoire naturelle des Helminthes*, et a fait même une observation très remarquable. Il dit avoir vu ces Psorospermies, non pas libres, comme Müller les avait toujours décrites, mais renfermées dans une « substance glutineuse, diaphane, analogue à celle des Amibes : » observation extrêmement juste. Dujardin avait, d'ailleurs, une habileté et un tact merveilleux pour reconnaître les Protozoaires. Il a reconnu que ces corpuscules prenaient naissance dans un sarcode et que, par conséquent, les Psorospermies de Müller devaient être considérées non pas comme une forme définitive, une entité organique, mais comme la production de « ces végétations ramifiées de sarcode » qu'il avait rencontrées à la surface du corps des Poissons, notamment sur le *Leuciscus erythrophthalmus* ; que c'était une production animale distincte qu'il compare aux corpuscules grégarinaires, aux pseudonavicelles, par exemple, des kystes du Lombric. Mais, il ne poursuivit pas cette observation et ce que nous en savons se réduit à ce que je viens de dire.

Leydig, en 1851 (Müller's *Archiv*), et Lieberkühn, en 1854 (même recueil), insistèrent davantage sur cette analogie révélée par Dujardin et n'hésitèrent pas à faire rentrer ces organismes dans le cycle d'évolution des Grégarines ; ils se crurent même fondés à désigner sous le même nom de navicelles les corpuscules qui naissent, soit dans la substance plasmique dont nous parlons, soit dans le corps des Grégarines.

Cependant Lieberkühn a signalé quelques différences entre le corps des Grégarines à l'état d'accroissement et ces masses plasmiques dans lesquelles se produisent les Psorospermies. Il a constaté que ces masses étaient dépourvues de membrane et n'avaient pas de noyau, tandis que chez les Grégarines, il y a une membrane distincte et un superbe noyau de cellule. S'il avait connu la structure exacte des Psorospermies proprement dites, il aurait été bien plus frappé des différences qu'elles présentent avec les pseudonavicelles.

Leydig a vu, chez les Plagiostomes, des masses vermiformes d'une substance gélatineuse et granuleuse, et pense que les Psorospermies naissent par une sorte de génération endogène de cellules filles au sein de ces masses.

Quant à Lieberkühn, ce qui le conduisit à assimiler ces productions aux Grégarines, ce fut une observation qu'il fit et dans laquelle il vit une de ces Psorospermies s'ouvrir, et la masse plasmique intérieure sortir en se mouvant comme une Amibe. Cela suffit pour que Lieberkühn fît de la Psorospermie une pseudonavicelle puisqu'il pensait, nous le savons, que les pseudonavicelles se comportaient ainsi pour se transformer en jeunes Grégarines. Cette observation sur la sortie de la masse plasmique est parfaitement exacte, seulement Lieberkühn n'a pas suivi la transformation de cette masse et n'a pas vu le phénomène le plus curieux de la reproduction de ce parasite.

II

Remak (Müller's *Archiv*, 1852) ne s'est occupé des Psorospermies que d'une manière incidente et en étudiant des productions toutes différentes, c'est-à-dire des espèces de kystes sanguins qui se forment sur le trajet des ramifications de l'artère splénique chez certains Poissons, chez la Tanche, par exemple, où ils sont très communs. Ils constituent des masses globuleuses supportées par un pédoncule plus ou moins long dans la tunique adventive de l'artère, masses qui prennent naissance dans un diverticulum de l'enveloppe conjonctive du vaisseau. L'étude de ces kystes était, pour ainsi dire, à la mode en ce temps là, et l'on voulait savoir si la matière rouge qu'ils contiennent est du sang, et comment ce sang pouvait sortir de l'artère. Ce sont ces kystes sanguins que Remak examinait, et il était arrivé à ce résultat que la matière rouge était produite, non pas par des cristaux d'hématoïdine, comme le croyaient Kölliker et d'autres observateurs, mais par une substance pigmentaire résultant de la transformation des globules graisseux de la rate et ne dérivant pas de la matière colorante du sang. Dans ses recherches, Remak reconnut plusieurs fois que ces kystes renfermaient de grandes quantités de Psorospermies mêlées aux éléments qu'ils contiennent naturellement. — En effet, j'ai souvent eu l'occasion de rencontrer ces ramifications de l'artère splénique de la Tanche garnies de ces kystes. On les voit alors couvertes de points bruns plus foncés que le reste du tissu. Ces granulations sont des kystes, et souvent, en effet, on trouve dans leur intérieur des Psorospermies. D'ailleurs, on rencontre souvent les kystes en d'autres points, et ils ne renferment pas toujours des Psorospermies. Ces organismes sont ici un accident : on peut les trouver dans ces kystes comme on les trouve dans la rate, dans la vessie natatoire ou en d'autres points; ils ne sont point les hôtes nécessaires des kystes sanguins.

Remak n'a , du reste , pas fait d'observations à ce sujet. Plus tard , j'aurai l'occasion de parler de nouveau des Psorospermies des kystes sanguins de la rate, et nous verrons comment on peut expliquer leur formation.

Pendant longtemps, nos connaissances n'ont, pour ainsi dire, point fait un pas, tant à propos de la structure que du mode de développement des Myxosporidies. En 1863 , j'ai communiqué à l'Académie des Sciences des observations concernant la structure de ces petits corps que l'on considère généralement aujourd'hui comme les spores des Myxosporidies. J'avais examiné leur structure dans la substance des Myxosporidies et je me réservais de faire une seconde communication ; cette communication je la ferai ici.

Plus tard , d'autres auteurs se sont occupés de ces organismes. Gabriel, en 1879, décrivit les Psorospermies que l'on rencontre dans la vessie urinaire du Brochet. Quand on ouvre le premier Brochet venu et quand on incise la vessie urinaire et qu'on l'étale, on est presque certain d'y trouver des Psorospermies ; quelquefois elle est enduite d'une couche mucilagineuse jaune, tout entière formée de Myxosporidies. Lieberkühn les avait décrites, le premier, comme des Grégarines, et je les avais moi-même étudiées en 1863. Depuis, Bütschli les a examinées aussi , et nous rapporterons les résultats de toutes ces observations.

Dans ces travaux récents sur ces Psorospermies, chaque auteur a porté son attention sur un point plus ou moins délimité du sujet ; je me suis surtout occupé de la structure intime des corpuscules ou spores , il en est de même pour Bütschli, qui a, en outre, étudié les Myxosporidies proprement dites , c'est-à-dire les masses sarcodiques au sein desquelles ces spores prennent naissance. J'avais attribué moins d'importance à ces masses ; j'avais bien vu que , dans certaines circonstances, ces corpuscules naissaient dans de petites masses de sarcode, mais je considérais la Psorospermie comme la forme parfaite et définitive des organismes, et la masse sarcodique comme une sorte de matrice ou gangue dans laquelle ces Psorospermies se formaient.

Bütschli professe une manière de voir différente : la forme adulte et définitive de l'organisme, celle qui représente l'entité biologique, c'est la masse sarcodique amorphe de Dujardin, et les Psorospermies ne seraient que des corps reproducteurs, des spores; c'est ainsi qu'il les décrit. Aujourd'hui, j'avoue que je suis tout à fait disposé à me rallier à l'opinion de Bütschli, surtout après ce que nous savons sur les Grégarines et autres Sporozoaires à période de végétation et période de reproduction.

Il est évident que ces Myxosporidies correspondent à ce qu'on peut appeler la masse grégarinaire des Sporozoaires : c'est l'équivalent d'une Grégarine ou d'une Coccidie avant l'enkystement. Nous avons vu que les Grégarines ont une forme bien définie, puisqu'elles ont une enveloppe; que les Psorospermies oviformes, quoique souvent sans enveloppe, ont aussi une forme régulière : ce sont des masses arrondies placées dans l'intérieur des cellules. Descendant à un degré de plus dans la dégradation de l'organisme, nous arrivons à une masse amorphe ou sans forme fixe, continuellement variable en raison même des mouvements amiboïdes qui l'animent. C'est une Grégarine réduite à une masse sarcodique amorphe pouvant changer de forme à chaque instant. Ces masses, en effet, sont mobiles, comme cela a été constaté pour la première fois par Lieberkühn chez le Brochet et plus tard par Bütschli. Gabriel a nié ces mouvements, bien qu'ils soient réels; je les avais décrits dans les masses sarcodiques analogues que l'on trouve dans d'autres organes

Ces végétations sarcodiques, qui produisent les Psorospermies, siègent, pour ainsi dire, dans toutes les parties du corps des Poissons, même les parties les plus différentes, l'épiderme des nageoires ou de la surface du corps (Gluge). Elles affectent le tissu conjonctif sous-épidermique : ce sont donc des endoparasites. On les rencontre très fréquemment sur les lamelles branchiales, surtout chez les Tanches, sous forme de petites masses ovalaires, blanchâtres, placées entre les lamelles. On les trouve dans les organes internes les plus divers, sauf les muscles et le système nerveux; mais, en dehors de ces derniers tissus, elles sont partout à foison, dans la rate, le foie, les reins, et leur siège de prédilection se trouve le long des ramifications artérielles. Les lieux d'élection, chez certains Poissons, comme les Cyprins, Carpes et Tanches, par exemple, sont les branchies et la vessie natatoire. Ce dernier organe, comme on sait, se compose de deux parties, une portion antérieure courte et une portion postérieure longue. Le siège des Myxosporidies est toujours la courte portion antérieure; je ne les ai jamais rencontrées sur la longue portion postérieure. Elles se présentent sous forme de tumeurs mamelonées, blanchâtres, qui occupent souvent la plus grande partie de la surface de l'organe. Il est quelquefois facile d'énucléer ces tumeurs avec les aiguilles pour les porter sous le microscope.

Les tumeurs branchiales, dont Bütschli a donné une bonne description, forment de petits corps qui varient de 2 à 6 millimètres de longueur; elles sont ovalaires, plus ou moins allongées parallèlement à la direction des lamelles. Elles sont situées sous l'épiderme, dans le tissu conjonctif qui réunit les deux couches épidermiques qui forment la lamelle. On peut enlever ces petits kystes et les transporter sur le porte-objet. On voit alors qu'ils sont composés d'une membrane d'enveloppe et d'un contenu. La membrane est assez épaisse, quelquefois de $0^{mm},01$, formée d'une substance assez ferme, sans structure et toute pénétrée de petites granulations réfringentes. Bütschli prétend qu'elle loge des noyaux très petits, répandus en très grand nombre dans la membrane d'enveloppe, mais il ne sait pas si ces petits noyaux et la membrane sont une production du kyste ou une production de la lamelle branchiale destinée à isoler le parasite. Pour ma part, je suis assez disposé à considérer l'enveloppe comme appartenant en propre au kyste; quant aux petits noyaux que Bütschli a réussi à colorer par le carmin, j'avoue que je n'ai jamais pu reconnaître aucun élément défini. Le contenu présente des caractères fort intéressants. Formé par la substance plasmique plus ou moins liquide ou consistante, il renferme des éléments divers, des granulations, sans doute grais_ seuses, quelquefois assez volumineuses, des Psorospermies à tous les degrés de développement, et de petites vésicules avec un amas central de granulations. J'avais très bien vu ces vésicules en 1863 ; Bütschli les considère comme des noyaux libres, ce que j'admettrais volontiers, car il a reconnu un noyau dans les Psorospermies complètement développées, et ces vésicules peuvent être le premier état des Psorospermies.

Un autre organe très favorable à la recherche de ces organismes est, avons-nous dit, la vessie natatoire des Poissons. On peut détacher une portion de la membrane et la porter sous le microscope ; comme le tissu en est transparent, il est facile d'observer les tumeurs. Il en est de même pour la vessie urinaire du Brochet : on enlève, avec la pointe du scalpel, une partie de la matière mucilagineuse jaune qui recouvre la membrane de cette vessie et, en la portant sous le microscope, on voit que les éléments qui la composent sont très divers

Mais examinons d'abord les caractères physiques et chimiques de ces corps. C'est Lieberkühn qui, le premier, les a observés en ce point, et les a considérés comme des corps grégarinaires. La forme de ces Myxosporidies du Brochet est, d'ailleurs, très variable suivant l'âge de la masse sarcodique. Dans les masses plus jeunes, la forme est généralement arrondie, avec un plasma homogène, finement granuleux, incolore ; dans les masses plus âgées, la forme est allongée, quelquefois en boyau plus ou moins irrégulier ou même ramifié (végétations ramifiées de Dujardin). On trouve alors ces masses pressées les unes contre les autres de manière à former un enduit presque continu. Elles sont formées par du sarcode et exécutent des mouvements constatés d'abord par Lieberkühn, puis par Bütschli ; ces mouvements sont peu sensibles, très lents, et pour les voir il faut placer ces masses, non pas dans l'eau, mais dans l'urine du Brochet. Bütschli a étudié d'une façon assez complète leur structure. Il y a reconnu deux couches : une couche externe, ectosarc ou ectoplasme, et une couche interne, endosarc ou endoplasme. La première est formée par une substance protoplasmique, dense, homogène, qui ne renferme que de très fines granulations. C'est cette couche que Bütschli a vue s'allonger en pseudopodes ou expansions plus ou moins larges, ou en filaments extrêmement fins qui, quelquefois, hérissent toute la surface d'un véritable chevelu. Ce chevelu est formé par des filaments pseudopodiques très fins qui s'allongent, se raccourcissent, rentrent et sortent lentement. L'endoplasme est généralement de couleur jaune ou brunâtre. On y distingue d'abord, répandus dans la masse plasmique, une foule de globules graisseux colorés en jaune, ce qui contribue pour une grande part à la coloration de la Myxosporidie, puis, des cristaux d'hématoïdine signalés pour la première fois par Meissner, puis par Lieberkühn et Bütschli. Ces cristaux sont libres ou renfermés dans des globules graisseux, soit isolés, soit rassemblés en conglomérats. Comment se forment-ils dans ces Myxosporidies? on n'en sait rien, mais il est bien certain qu'ils proviennent du sang du Poisson, à la suite d'une extravasation sanguine à travers les parois du vaisseau, irritées sans doute par la présence de la production parasitaire.

Bütschli a vu quelquefois des cellules épithéliales de la vessie libres dans la substance de ces kystes : il a trouvé que ces cellules détachées étaient occupées, sur une portion plus ou moins grande de leur contour, par des Myxosporidies. Ce fait rappelle la jeune Grégarine à l'état de céphalin fixé sur une cellule épithéliale.

Quant aux corpuscules qui naissent dans ces Myxosporidies, ils ont probablement la signification de corps reproducteurs ou spores, ainsi que le pense Bütschli, et bien que cela ne soit pas pour moi hors de doute; leur structure est, en effet, très compliquée, leur taille et leur forme varient avec chaque Poisson, à ce point que l'on peut dire que chaque Poisson a sa forme spéciale de Psorospermie. Ordinairement ovalaire chez la Carpe et la Tanche, par exemple, ils sont souvent cordiformes ou arrondis, comme chez l'*Acerina cernua* et la Lotte; en forme de spermatozoïde, avec une queue plus ou moins longue, comme chez la Perche et le Brochet. Leurs dimensions ne varient pas moins : fort petits chez la Lotte, ils ne mesurent pas, d'après mes observations, plus de 8 μ, ce qui est le diamètre d'un globule sanguin de ce Poisson ; chez le Brochet, ils ont 36 μ de longueur, et chez la Carpe 18 μ de long sur 12 μ de large.

La structure de ces corps est extrêmement singulière. Ils sont toujours composés d'une membrane d'enveloppe et d'un contenu. L'enveloppe est une coque solide formée non pas d'une seule pièce, mais de deux valves appliquées l'une contre l'autre, comme les deux moitiés d'une coquille de noix, et ce n'est que dans certaines conditions que ces deux valves peuvent s'ouvrir ; elles présentent une ligne de suture toujours visible quand on regarde la Psorospermie par la

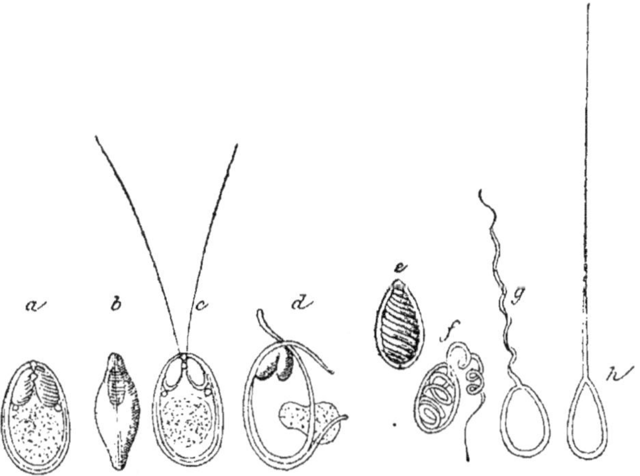

Fig. 36. — Psorospermies de la Tanche. — *a*, Psorospermie vue de face *b*, vue de profil ; *c*, avec les filaments déroulés ; *d*, Psorospermie laissant échapper son contenu sarcodique, sous forme d'une amibe, à travers ses valves écartées et montrant les bandes élastiques de la coque détendues ; *e*, vésicule contenant le filament spiral ; *f*, *g*, *h*, vésicule avec filament déroulé (d'après Balbiani).

tranche (fig. 36, *b*.) Ces valves sont sans structure appréciable, homogènes, d'une transparence admirable, formées d'une substance qui, au point de vue de sa composition chimique, est encore inconnue, mais très réfractaire aux réactifs. les alcalis caustiques, l'acide sulfurique même concentré, etc. J'avais constaté autrefois qu'elle est complètement insoluble dans la soude et dans l'acide sulfurique bouillant ; cependant Bütschli a vu qu'elle finit par se dissoudre dans ce dernier réactif. Mais si la coque ne se dissout pas, ses valves s'ouvrent d'une manière très régulière. Nous verrons que cette déhiscence, ainsi provoquée, se produit à l'état physiologique dans certaines conditions.

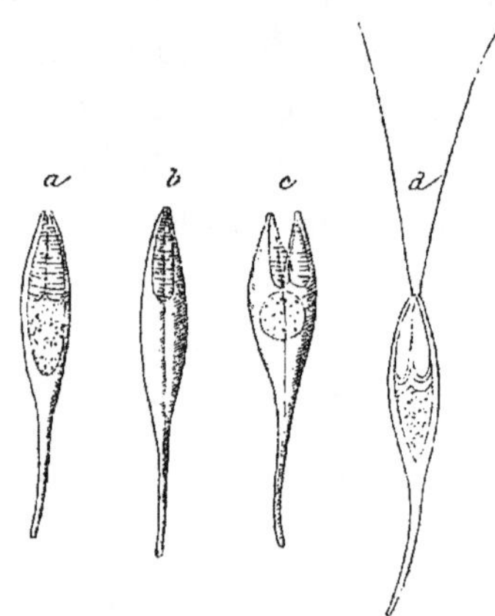

Fig. 37. — Psorospermies du Brochet. — *a*, Psorospermie de face ; *b*, de profil ; *c*, Psorospermie dont les deux valves se sont écartées antérieurement pour laisser sortir le globule sarcodique intérieur ; *d*, Psorospermie avec les filaments déroulés (d'après Balbiani.

Le contenu présente, à l'un des pôles du corpuscule, deux vésicules géminées qui ne manquent dans aucune Psorospermie ; quelquefois, cependant, on ne voit qu'une seule vésicule, ce qui n'indique pas une espèce particulière, mais ne représente qu'une dégradation organique de la même espèce. Ces vésicules, toujours inclinées l'une vers l'autre et rapprochées à l'extrémité antérieure du corpuscule, ont une forme variable et s'allongent en une sorte de petit canal qui se fixe à la paroi, au pôle, où l'on voit une ouverture très fine qui met le contenu du corpuscule en rapport avec le monde extérieur. Les vésicules sont formées d'une paroi épaisse et, dans leur intérieur, présentent un filament enroulé en spirale, très difficile à apercevoir, aussi a-t-il passé inaperçu jusqu'en 1863, époque à laquelle je l'ai mis en évidence pour la première fois (*Comptes rend. de l'Acad. des Sc.*, 1863).

Mais avec les réactifs, on peut s'assurer facilement de son existence, car certains liquides ont la propriété de le faire dérouler et sortir en dehors de chaque vésicule, tantôt en ligne droite, comme une antenne, tantôt en une spirale plus ou moins lâche, ou suivant des courbes plus ou moins capricieuses et emmêlées. (Fig. 36, *e*, *f*, *g*, *h* ; 37, *d* ; 38, *d* ; 39, *b* ; 40, *b* ; 41, *c*.)

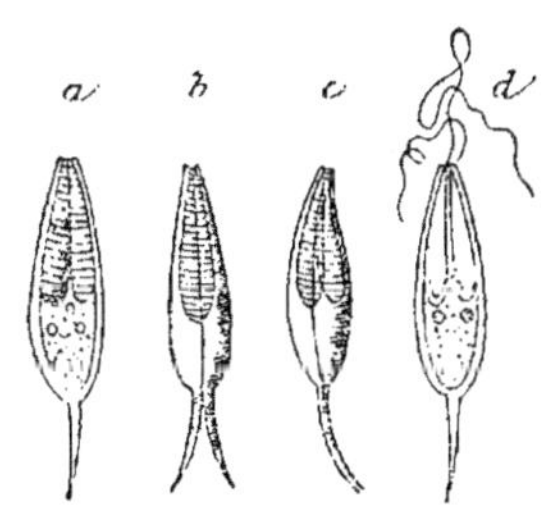

FIG. 38. — Psorospermies de la Perche. — *a*, Psorospermie de face ; *b*, de profil avec deux prolongements caudaux ; *c*, forme un peu anormale ; *d*, Psorospermie avec les filaments déroulés (d'après Balbiani.)

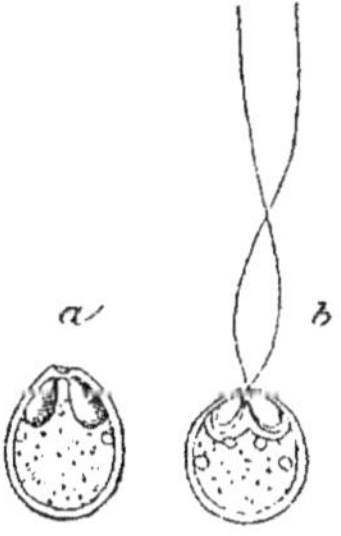

FIG. 39. — Psorospermie de l'Ablette. — *a*, Psorospermie vue de face ; *b*, la même avec les filaments déroulés (d'après Balbiani.)

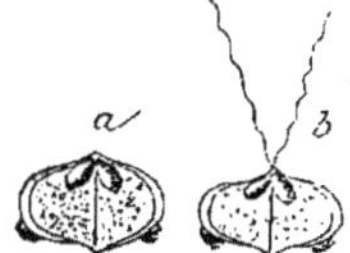

FIG. 40. — Psorospermies de l'*Acerina cernua*. — *a*, Psorospermie vue de face ; *b*, la même avec les filaments déroulés (d'après Balbiani).

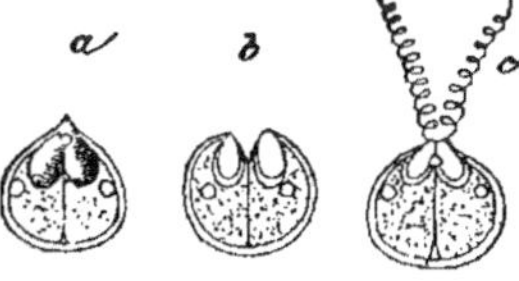

FIG. 41. — Psorospermies de la Lotte. *a*, Psorospermie vue de face ; *b*, vue de même avec les vésicules dont les filaments sont sortis ; *c*, Psorospermie montrant les deux filaments sortis, enroulés en tire-bouchon (d'après Balbiani).

Quand le filament est ainsi sorti, on voit qu'il est plus épais à la base et va en s'amincissant vers son extrémité antérieure. Sa longueur est quelquefois très considérable, huit ou dix fois plus grande que celle de la Psorospermie. Après l'émission du filament, il est plus facile d'observer l'épaisseur de la paroi de la vésicule vidée, car elle revient un peu sur elle-même. On y constate l'existence d'un liquide pâle, qui remplace le filament spiral sorti. Les deux vésicules étaient déjà connues de Müller, et c'est fortuitement qu'en les traitant par la potasse j'ai réussi à faire sortir le filament spiral, comme l'ont fait plus tard Bessels, en 1867, Aimé Schneider, en 1875, Bütschli, en 1881. J'avais employé les solutions alcalines, Aimé Schneider a réussi en se servant de la glycérine, et Bütschli de l'acide sulfurique concentré. Ce dernier observateur compare avec raison ces filaments aux organes urticants ou trichocystes des Cœlentérés. Mais, connaissant la signification des organes urticants, j'avoue que je ne comprends pas bien à quoi peuvent servir ces organes aux Psorospermies, qui sont complètement immobiles et ne se nourrissent pas, car on sait que les trichocystes ont pour but de paralyser la proie et d'en rendre la capture plus facile.

Outre ces éléments, on remarque encore dans la cavité des Psorospermies d'autres petits corpuscules qui apparaissent comme des globules réfringents, au nombre de deux, trois ou quatre, disposés symétriquement et placés souvent à la base des vésicules géminées. (Fig. 36, *a*, *c*; 38, *a*, *d*; 39 et 41). J'avais considéré ces petits globules comme des vésicules à filament à l'état rudimentaire et destinées à se développer au moment de la reproduction, car, à ce moment, les Psorospermies renferment trois ou quatre vésicules à filament. Bütschli a attaqué cette manière de voir ; néanmoins, je crois devoir la maintenir.

Quant au reste de la cavité, il est complètement rempli par la substance homogène plasmique. Celle-ci prend quelquefois la forme d'un globule qui se ramasse au centre de la cavité, et l'on peut en déterminer la condensation en faisant agir les acides sur la Psorospermie, l'acide acétique, par exemple. Cette condensation se produit du reste naturellement au moment de la reproduction. C'est dans l'intérieur et au centre de cette masse plasmique que Bütschli a trouvé un noyau qu'il suppose avoir une relation avec un des noyaux libres décrits par lui dans la Myxosporidie.

III

Après avoir décrit la constitution des Psorospermies des Poissons et des masses plasmiques dans lesquelles on les trouve, nous devons examiner la manière dont ces corpuscules prennent naissance dans les Myxosporidies ; malheureusement, nos connaissances sur le mode de formation de ces spores sont encore bien incomplètes.

Jean Müller croyait que les vésicules polaires devenaient libres à un certain moment et s'organisaient en Psorospermies dans la cavité de l'ancienne par une sorte de génération endogène. C'était une opinion erronée, mais c'est que J. Müller ne connaissait pas les masses plasmiques au sein desquelles les Psorospermies prennent naissance et croyait que ces dernières sont des formes définitives.

Leydig (Müller's *Archiv*, 1851) connaissait très bien ces masses pour les avoir étudiées dans la vésicule biliaire des Plagiostomes ; il avait vu naître les Psorospermies dans ces masses, opinion qui avait été déjà émise par Dujardin six ans auparavant. Il supposait qu'au sein de ces masses naît une vésicule claire, dans laquelle il s'en produit une autre, plus petite, contenant des granulations. Peu à peu, la vésicule interne prend la forme d'une Psorospermie dans la vésicule mère, tandis que ses granulations s'agglutinent et, par fusion ou en se dissolvant, produisent les deux corpuscules polaires tels que nous les connaissons. Ceux-ci sont ensuite mis en liberté, par rupture de la vésicule mère, dans la matrice commune, c'est-à-dire dans la masse plasmique au sein de laquelle s'est produit le phénomène.

Leydig a observé dans ces Psorospermies des corpuscules à quatre capsules polaires ayant une forme particulière (dans le rein et la vésicule biliaire de la Torpille). Ces quatre capsules polaires étaient placées parallèlement à côté l'une de l'autre. Il les prenait pour des vésicules homogènes et ignorait l'existence du filament spiral, qui n'a été découvert qu'en 1863.

Lieberkühn (Müller's *Archiv*, 1854) faisait aussi former les Psorospermies, qu'il avait observées sur la vessie urinaire du Brochet, au sein d'une masse plasmique qu'il appelle masse grégarinaire, prenant ces corpuscules pour des organismes tout à fait analogues aux Grégarines. Suivant lui, cette masse se fragmenterait en petits globules ou vésicules dont chacune s'organiserait en une Psorospermie. Il n'a pas observé ni décrit la transformation de ces petits globules en Psorospermies. Quant à l'origine de ces masses grégarinaires, au sein desquelles se produisent les Psorospermies, pour Lieberkühn, c'est le contenu d'une Psorospermie qui s'échappe, ses deux valves s'étant ouvertes en s'écartant. Chaque valve, comprenant le corpuscule polaire correspondant, laisse ainsi échapper la masse centrale sous forme d'un globule amiboïde qui, en grossissant, devient la masse sarcodique au milieu de laquelle vont se produire de nouvelles Psorospermies. Il y a évidemment un fond très exact dans cette opinion de Lieberkühn, mais cet observateur n'a pas suivi dans tous ses détails la manière dont les Psorospermies prennent naissance au sein des masses plasmiques.

En 1863, je me suis contenté *(Comptes rendus de l'Acad. des Sciences)* de décrire les Psorospermies, mais à l'état de maturité complète ; j'avais cependant indiqué qu'à certaines phases de leur existence leur contenu sarcodique se concentre dans ces corpuscules sous forme de globules qui s'échappent à travers un écartement des valves de la Psorospermie. Ceux-ci grossissent et dans leur intérieur s'organisent d'autres Psorospermies. J'avais donc confirmé les idées de Lieberkühn, mais je considérais les Psorospermies comme des organismes à l'état parfait et j'attribuais au sarcode qui s'échappe la signification d'une spore. C'est ce qui m'avait conduit à regarder les Psorospermies comme une sorte de végétal, et il y a, en réalité, bien des faits qui plaident en faveur de cette idée ; cependant, aujourd'hui, la plupart des auteurs les considèrent comme des animaux.

Quoi qu'il en soit, il restait une lacune à combler : comment prennent naissance les masses sarcodiques ? J'ai observé la formation de ces masses sur les nageoires des Poissons, et particulièrement de la Tanche. De tous nos Poissons d'eau douce, la Tanche est, en effet, celui qui présente le plus de ces parasites, et en toutes saisons. De plus, les jeunes ont les nageoires minces et transparentes, de sorte qu'elles sont favorables à l'observation. C'est en portant sous le microscope les nageoires dorsale et caudale de jeunes Tanches qu'on peut suivre les phénomènes. J'ai vu ainsi que, quand on rencontre ces petits kystes qui se trouvent sur les lamelles branchiales, on est certain d'en rencontrer aussi dans les organes profonds. C'est un criterium presque infaillible. Dans les nageoires, j'ai observé fréquemment des petits corps amiboïdes de volume très variable, mêlés à des Psorospermies développées. J'ai suivi avec beaucoup de soin ces petites Amibes, petites Myxosporidies à l'état naissant. Elles se meuvent comme les Amibes les plus agiles, l'*Amœba diffluens*, par exemple : en moins d'un quart-d'heure, j'ai pu tracer, sur l'une d'elles, neuf changements de forme. J'ai vu aussi que la température ambiante a la

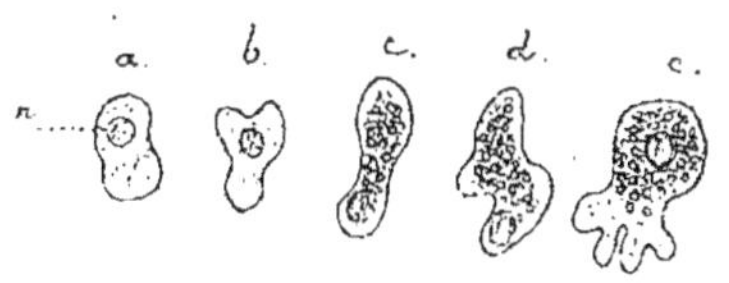

FIG. 42. — Petite masse amiboïde sortie d'une Psorospermie de la Tanche ; *a-e* quelques-uns de ses changements de forme successifs ; *n*, noyau (d'après Balbiani).

plus grande influence sur leurs mouvements qui sont bien plus rapides pendant les temps chauds que par le froid. Les pseudopodes sont larges et obtus, lobés comme chez l'*Amœba diffluens*. J'ai observé aussi un noyau dans ces petites masses amiboïdes, noyau très visible quand les Amibes ne sont pas remplies de trop de globules graisseux, comme cela leur arrive plus tard. On voit facilement le noyau au moment où la petite masse sort de la spore. C'est le noyau dont

Bütschli a constaté l'existence dans l'intérieur de la Psorospermie. Il n'y a pas de vésicule contractile et, à ce point de vue, ces corps diffèrent des Amibes ordinaires.

Tout en errant ainsi à travers les tissus de la nageoire, les petits corps amiboïdes augmentent de volume en absorbant des sucs nutritifs ; ils se pénètrent de globules graisseux, puis, ayant atteint un certain volume, tendent à prendre une forme arrondie ou ovalaire, quelquefois irrégulière avec des expansions et des lobes, et s'entourent d'une mince membrane d'enveloppe que l'on peut mettre en évidence en ajoutant de l'eau à la préparation. Cette eau pénètre peu à peu dans les tissus de la nageoire et la membrane devient visible. les mouvements se ralentissent de plus en plus et, finalement, s'arrêtent : la petite masse paraît, pour ainsi dire, figée sur place. Indépendamment de cette mince membrane propre, la petite masse s'enkyste par condensation autour d'elle du tissu conjonctif de la nageoire, ainsi qu'il arrive pour tous les corps étrangers qui pénètrent dans les organes.

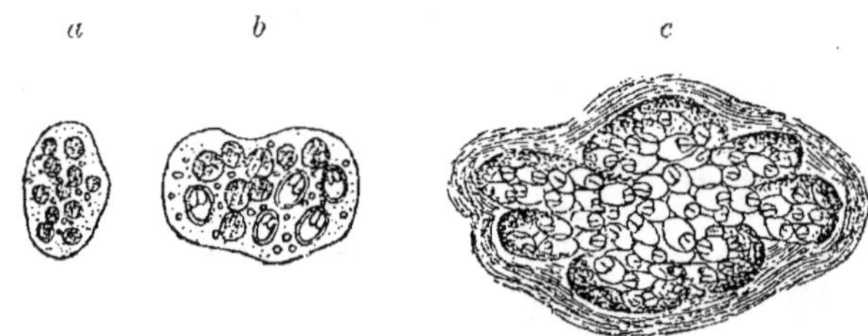

Fig. 43. — Myxosporidies des nageoires de la Tanche avec des spores (Psorospermies) en voie de développement a, petite Myxosporidie contenant des noyaux ; b, état plus avancé ; c, grosse Myxosporidie enkystée dans les tissus de la nageoire et contenant des spores mûres pour la plupart (d'après Balbiani)

A mesure que ces masses grossissent, on voit dans leur intérieur le nombre des noyaux augmenter. Ils se multiplient par division successive ; j'ai vu des divisions fréquentes de ces noyaux, et, sur mes dessins, je trouve des figures qui montrent très nettement ces divisions. A une phase plus avancée, ces petits noyaux condensent autour d'eux une portion de la substance plasmique et se transforment en globules qui sont précisément les petits globules sur lesquels ont porté les observations de Lieberkühn. Ils grossissent, prennent une forme elliptique et à un de leurs pôles apparaissent deux corpuscules d'abord très pâles, puis brillants, qui sont les rudiments des vésicules polaires. Comment se produisent celles-ci ? — J'avoue que je ne suis pas arrivé à des résultats bien satisfaisants à ce sujet ; cependant, il est un détail que j'ai vérifié maintes fois. J'ai vu des éléments qui renfermaient trois globules granuleux dont un plus gros et deux plus petits ; il est probable que le gros devient le noyau signalé par Bütschli dans

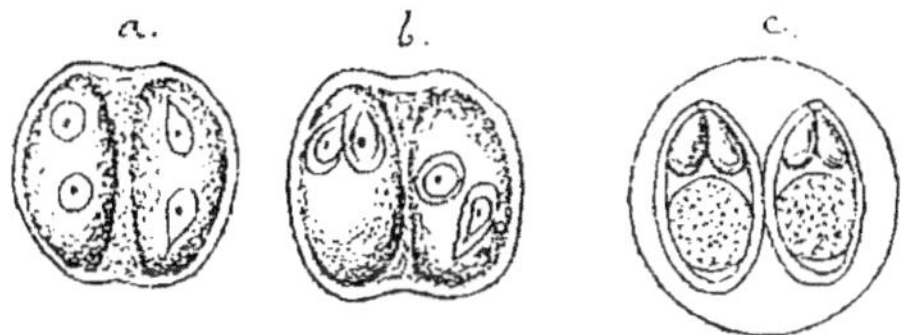

Fig. 44. — Trois états de développement des spores dans les Myxosporidies de la Tanche. Les spores se développent deux à deux dans une petite masse de sarcode homogène. *a-b*. et sont contenues à maturité dans une vésicule, *c*. On voit à l'intérieur de la spore, dans *a* et *b*, les capsules polaires en voie de développement (d'après Balbiani).

le plasma intérieur de la Psorospermie complètement développée, et que les deux plus petites se transforment dans les corpuscules à filament spiral. J'ai observé aussi des Psorospermies incomplètement développées, pâles, renfermant des éléments que je crois être des capsules polaires en voie de formation : 1° deux vésicules sphériques, contenant chacune un petit globule central, placées dans la substance de la Psorospermie, loin des pôles ; 2° deux petites vésicules semblables placées l'une à côté de l'autre à un des pôles du corpuscule : 3° deux vésicules piriformes avec un petit globule central, tantôt éloignées l'une de l'autre, tantôt rapprochées et situées à l'une des extrémités de la Psorospermie. Ces vésicules étaient, à n'en pas douter, les petits organes à filament spiral. Mais ce que je n'ai pu établir nettement, c'est leur

origine : proviennent-ils des noyaux préexistants dans les Psorospermies en voie d'organisation dans la substance plasmique, ou d'une
formation libre dans cette substance ? C'est ce qui est encore incertain.

Plus récemment, Bütschli est arrivé à des faits très analogues à
ceux que j'avais observés dix-huit ans auparavant ; c'est ce qui me
fait beaucoup regretter de ne pas avoir publié mes observations à
cette époque. Bütschli donne les siennes comme nouvelles, et il en a,
en effet, le droit, puisque mes recherches étaient inédites ; je n'élève
donc aucune réclamation de priorité, mais je demande qu'il reste
acquis que, longtemps auparavant, j'avais fait des observations qui
confirment celles de Bütschli.

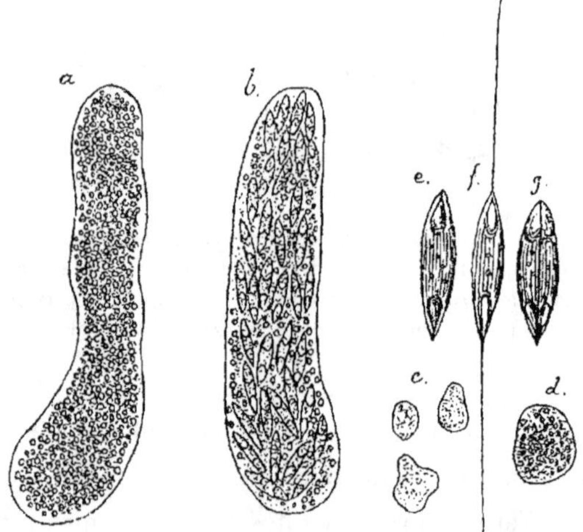

Fig. 45. — Myxosporidies et Psorospermies de la vessie urinaire du Brochet. *a*, Myxospo
ridie remplie de granulations graisseuses, sans spores ; *b*, Myxosporidie avec spores bien
développées ; *c*, *d*, très jeunes Myxosporidies ; *e*, *f*, forme la plus commune des spores
ou Psorospermies. L'une d'elles, *f*, présente ses filaments déroulés et ses capsules polaires
vides ; *g*, forme plus rare des spores avec deux capsules à chaque pôle (d'après Balbiani).

Dans les Myxosporidies de la vessie urinaire du Brochet, les Psorospermies ont une structure particulière qui diffère de celle que
nous avons décrite pour les Psorospermies des autres organes, les
nageoires, la vessie natatoire, les branchies. Ces Psorospermies ont la

forme d'un fuseau avec un corpuscule polaire à chaque extrémité. Par la potasse, on fait sortir de chaque vésicule le filament spiral qui s'allonge dans l'axe de la Psorospermie, et les capsules se vident (fig. 45, *f*). Dans la masse plasmique existe un noyau. Comment se forme cet organisme au sein de la Myxosporidie? Bütschli a fait à cet égard des observations intéressantes. A l'état le plus jeune, c'est un globule de sarcode avec un nombre variable de noyaux transparents, ordinairement six ; bientôt il prend une forme allongée et se divise en deux autres globules dans lesquels les noyaux se répartissent. Chacune de ces deux masses devient l'origine d'une spore : c'est une *masse sporigène* ou un *sporoblaste*. Chaque sporoblaste est ainsi formé aux dépens de la masse sarcodique primitive et renferme trois noyaux. Mais avant de se diviser, la masse commune s'était entourée d'une mince membrane d'enveloppe et c'est dans l'intérieur de celle-ci que la division a eu lieu. Puis, les deux sporoblastes s'allongent en fuseau et les trois noyaux se disposent à la file, l'un au centre et les deux autres aux extrémités.

Telle est la disposition qui conduit bientôt à l'organisation que l'on trouve dans les spores mûres. Le noyau médian persiste et devient celui de la Psorospermie ; quant aux deux autres, Bütschli inclinait d'abord à croire qu'ils se transforment directement en capsules polaires, mais il a été obligé de renoncer à cette hypothèse, en observant d'autres faits. Il a vu que les noyaux extrêmes disparaissent complètement, mais, auparavant, il s'était produit, en arrière de chacun d'eux, un petit globule brillant, d'abord sphérique, puis qui s'allonge, formé probablement par une condensation locale de protoplasma. Ce sont les rudiments des globules polaires qui paraissent donc prendre naissance par suite d'une condensation locale de la substance proto-plasmique. Bientôt ces globules se rapprochent des pôles, s'organisent en corpuscules polaires proprement dits, avec le filament spiral dont la formation n'a pas été observée.

Bütschli a aussi examiné les Myxosporidies des branchies et il a vu des faits analogues, mais qui s'éloignent parfois aussi des précédents.

Ainsi, il a vu des vésicules qui paraissaient échancrées ou déprimées sur un point de la surface semblant correspondre à l'ouverture par laquelle passe le filament spiral au moment de sa détente. Dans l'intérieur de cette vésicule sont trois masses de sarcode disposées, deux près de l'ouverture, et une plus en arrière. Il est probable que ces trois masses représentent trois noyaux, et que le noyau situé en arrière persiste pour constituer le noyau de la Psorospermie, tandis que les deux masses antérieures représentent les deux noyaux qui, dans la Psorospermie de la vessie urinaire du Brochet, sont situés aux extrémités, et qui disparaissent ; mais il n'a pas pu reconnaître quel est le sort ultérieur de ces deux noyaux.

Dans d'autres vésicules, les capsules polaires paraissaient situées à l'intérieur des deux noyaux antérieurs et se prolongeaient en un filament plus ou moins long également placé dans le noyau. Il y a donc là des faits qui ne concordent pas, et il faut reconnaître, avec Bütschli, que le sujet mérite de nouvelles investigations. Je tenais seulement à constater ici la très grande analogie des faits que j'ai observés dix-huit ans avant Bütschli avec ceux décrits dans le travail que cet auteur a publié l'an dernier (1881) dans la *Zeitschrift f. wiss. Zool.*

La maturité acquise, ces petits éléments sont aptes à la reproduction. Bütschli les a décrits comme des spores et je crois qu'il a eu de sérieuses raisons pour le faire. En effet, quand la spore est mûre, elle tend à se reproduire, et il en résulte la formation d'une nouvelle petite masse plasmique ou Myxosporidie qui n'est autre que le contenu primitif de la Psorospermie, contenu qui s'est échappé à l'état d'Amibe. Je me suis attaché, dans mes anciennes études, à observer la façon dont a lieu la sortie de ce globule sarcodique, et j'ai constaté qu'à ce moment entre en jeu un mécanisme très singulier, destiné à favoriser la sortie du globule.

La Psorospermie, en effet, montre alors une organisation fort curieuse et dont on ne remarque aucune trace avant la maturité complète. Chacune des deux valves présente sur son contour un ruban élastique, ruban placé sur la ligne de suture des deux valves et

qui s'applique exactement contre le bord de la valve. Chaque ruban
est formé de deux parties qui s'articulent aux deux pôles du corpuscule et se prolongent en un ou deux filaments tantôt effilés, tantôt
élargis à leur extrémité (fig. 36, *d*; 46, *a*, *b*, *c*.) Ces rubans sont
doués d'une remarquable élasticité, qui, seulement alors, entre en
jeu. Les pièces qui les composent sont si bien appliquées contre le
bord de la valve qu'il est impossible de les voir avant ce moment.
Aucun auteur ne les a vues, et je suis certainement le premier à les
avoir observées en 1863. Bütschli, lui-même, ne sait pas ce que je
veux décrire, tous ces faits lui ayant complètement échappé.

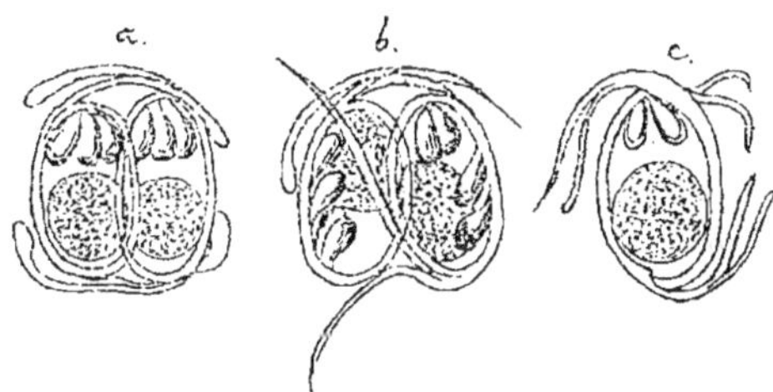

Fig. 46. — Psorospermies de la vessie natatoire de la Tanche montrant leur appareil
élastique détendu. *a* et *b*. Psorospermies réunies deux à deux par cet appareil (état de
conjugaison?). Le nombre des capsules à filament spiral est de trois ou quatre dans
chaque spore et l'on voit à l'intérieur de celle-ci le plasma contracté en boule; *c*, spore
isolée avec les filaments élastiques détendus, les capsules vides et le plasma en boule
(d'après Balbiani).

Au moment de la maturité, les filaments se détachent, les rubans
élastiques se détendent en s'enroulant ou en se recourbant et entraînent les valves qui s'entr'ouvrent. Cette observation est très difficile,
et je ne me flatte même pas d'avoir absolument saisi le mécanisme de
cette déhiscence.

Il est évident que cet appareil représente un instrument de dissémination; on peut le rapprocher de celui dont sont pourvues les spores
des *Equisetum*, appareil composé de quatre filaments ou *élatères*
qui enveloppent la spore en se recouvrant en croix à sa surface. Lors
de la maturité et sous l'influence de l'humidité, les quatre filaments se

débandent comme de petits ressorts et projettent la spore à une certaine distance. C'est avec cet appareil que les filaments élastiques des Psorospermies présentent le plus d'analogie, et je ne vois rien autre à quoi je puisse les comparer. Ici, l'appareil n'a pas pour but de projeter la spore, mais de provoquer l'écartement des deux valves pour permettre la sortie du globule amiboïde. Quant à celui-ci, nous savons ce qu'il devient, nous savons qu'il grossit aux dépens des sucs qui l'entourent et développe une nouvelle Myxosporidie.

Cet appareil de déhiscence a encore un autre usage. En effet, on observe sur les Psorospermies bien mûres la réunion de deux de ces corps par leurs filaments élastiques agissant à la manière de grappins ou organes de rétention. Cet état de conjugaison s'accompagne de phénomènes très curieux, évidemment en rapport avec la reproduction de ces corpuscules, car, à ce moment, on remarque que les vésicules à filament spiral se sont accrues en nombre : on en compte trois ou quatre (fig. 46, *a*, *b*,) au lieu de deux. Comment se forment-elles ? Vous vous rappelez ces petits globules disposés de façon à peu près symétrique, homogènes, brillants, ressemblant à des globules graisseux (voir fig. 36 et suivantes), placés au-dessous des capsules à filament : ce sont des capsules à l'état rudimentaire et qui ne se développent qu'au moment de la maturation des spores. Chacune renferme alors un filament spiral comme les capsules anciennes. Ces vésicules ne tardent pas à émettre leur filament pendant que les Psorospermies se tiennent embrassées, et ces filaments sortent plus ou moins droits ou contournés. Les Psorospermies s'étant détachées, il arrive parfois que les vésicules émettent leur filament spiral dans l'intérieur même du corpuscule. J'étais, quand j'ai fait ces observations, très porté à voir dans ces éléments des organes de fécondation, quelque chose comme des anthérozoïdes. Nous trouvons, en effet, ici toutes les apparences d'un phénomène de reproduction sexuelle : d'abord, rapprochement de deux individus, puis, présence d'un élément femelle, le globule sarcodique devenant libre à ce moment, et, enfin, des filaments que j'avais lieu de comparer à des anthérozoïdes. En un mot, ce processus rappelle involontairement à l'observateur une génération sexuelle cryptogamique. Mais ces interprétations, quoique émises avec réserve, m'ont attiré, de la part de Leuckart et de Bütschli, une critique sévère. Ces auteurs préfèrent les comparer à des organes urticants. On peut leur répondre en leur demandant quelle serait ici la signification physiologique des organes urticants, qui sont des armes offensives et défensives. Quels seraient, chez ces organismes, leur rôle et leur utilité? J'étais donc en droit de les considérer comme des anthérozoïdes, aussi bien, si ce n'est mieux, que Leuckart et Bütschli d'en faire des organes urticants. Nous avions, je crois, autant de raisons, les observateurs allemands et moi, pour soutenir notre interprétation. Dans tous les cas, les phénomènes dont il s'agit méritent d'être étudiés de nouveau.

Je suis malheureusement obligé, faute de temps, de passer très rapidement sur toutes ces questions; très rapidement aussi sur la comparaison à établir entre les Myxosporidies et les autres Sporozoaires. Il est évident qu'il existe entre eux des points de ressemblance, mais aussi des différences. Les points de ressemblance se trouvent dans ces masses plasmiques qui représentent la forme de Grégarine ordinaire et la masse plasmique des Psorospermies oviformes ou Coccidies. Les Psorospermies elles-mêmes peuvent être considérées comme les spores des Myxosporidies. Mais aussi il y a des différences considérables, principalement dans la structure de ces spores, les capsules à filament spiral n'ayant pas d'analogie chez les autres Psorospermies. Ce sont des formes tout à fait spéciales, et il est difficile d'y voir les homologues des corps falciformes. Cela est vrai quand on les compare aux pseudonavicelles, mais ces différences disparaissent en grande partie quand on compare aux spores des Grégarines et des Coccidies les formes les plus dégradées des Myxosporidies. En effet, toutes les Psorospermies d'un Poisson paraissent appartenir à une même espèce, car on peut suivre la gradation des formes. Cette espèce est représentée par des formes plus ou moins parfaites, suivant les conditions de son développement. Dans un

organe qui reçoit largement le contact de l'air, comme les branchies,
la vessie natatoire (qui, à certains moments, est remplie d'oxygène pur),
ces parasites sont dans de très bonnes conditions de développement :
c'est alors qu'ils acquièrent ces formes si compliquées que j'ai décrites.
Mais examinés dans des conditions moins bonnes, comme ils en trouvent
dans les organes profonds, le rein, le foie, la rate (Pl. IV, fig. 1 et 2)
on constate une dégradation très manifeste de leurs formes. La première est la disparition d'une des vésicules à filament spiral : il n'en
reste alors plus qu'une (fig. 3, A.); quelquefois elles disparaissent
toutes les deux et la Psorospermie se réduit à une coque contenant
une substance plasmique granuleuse, mais composée toujours de deux
valves (fig. 3, B.) Sous une forme encore plus réduite, les valves sont
réunies et il ne reste plus qu'une capsule d'une seule pièce. On trouve
alors toutes les gradations entre la Psorospermie la plus parfaite et
une simple enveloppe contenant une matière granuleuse, ce qui nous
conduit à la pseudonavicelle.

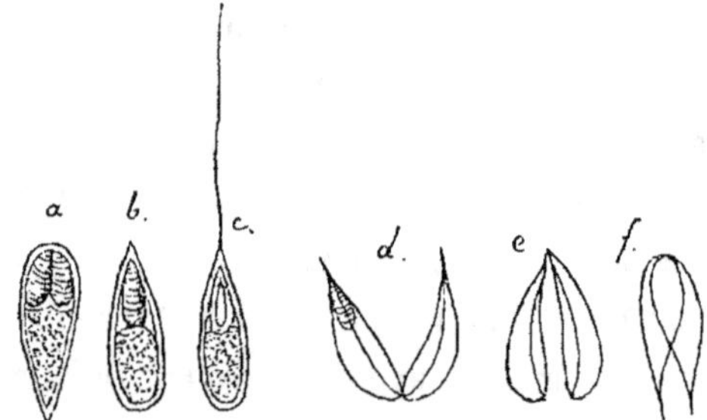

Fig. 47. — Formes dégradées de Psorospermies dans la rate, le foie et les reins de la
Tanche. *a*, *b*, *c*, Psorospermies conoïdes avec une ou deux capsules polaires ; *d*, *e*, *f*,
Psorospermies réduites aux deux valves de la coque, tantôt rapprochées, tantôt écartées ;
en *d*, une des valves contient une capsule à filament spiral (d'après Balbiani).

Je crois donc qu'on peut établir une homologie entre ces éléments
qui présentent des différences si grandes quand on les envisage dans
les formes les plus parfaites. Certaines phases de la formation de ces
Psorospermies atrophiées rappellent presque complétement la forma-

tion des spores dans l'intérieur du kyste de certaines Coccidies. On trouve parfois des vésicules avec quatre corps fusiformes qui rappellent beaucoup les corpuscules falciformes des Coccidies.

D'ailleurs, les Sporozoaires, envisagés dans leur ensemble, présentent des particularités d'organisation qui peuvent être portées très loin, dans certains types, sans que les caractères de parenté disparaissent. Ainsi, l'appareil de sporulation de certaines Grégarines *(Gamocystis, Clepsidrina)* présente des détails de structure très compliqués qui n'existent pas chez d'autres espèces et chez les Coccidies, où le kyste n'offre, par exemple, qu'un simple micropyle, sans que les liens de parenté qui réunissent certaines formes aux autres soient rompus. Malgré ces différences, il y a des analogies, et malgré ces analogies, il y a des différences; aussi, si dans l'état actuel de nos connaissances, les Myxosporidies peuvent être classées parmi les Sporozoaires, ce n'est pas sans une certaine réserve, et il convient de les étudier encore avant de les comparer d'une manière rigoureuse aux autres types de cette famille.

Examinons maintenant ces organismes au point de vue des maladies qu'ils produisent. Contrairement aux Grégarines et aux Coccidies, qui sont localisées dans certaines parties du corps de leur hôte, le foie, le tube digestif, plus rarement dans les organes d'excrétion, le rein, les tubes de Malpighi des Insectes, etc., les Myxosporidies se répandent dans presque tous les organes, les plus profonds comme les plus superficiels : la peau, où les Psorospermies ont été vues d'abord par Gluge, dans les kystes cutanés de l'Épinoche, la rate, le rein, la vessie natatoire et même le cœur et l'ovaire. En un mot, les Myxosporidies sont des parasites cosmopolites, tandis que les autres Sporozoaires sont localisés. Ce cosmopolitisme, elles le partagent avec la dernière classe qui nous reste à examiner, les Psorospermies des Insectes, auxquelles on n'a pas encore donné de nom, mais que je crois devoir ranger parmi les Sporozoaires : tels sont les corpuscules de la pébrine. On trouve les Myxosporidies jusque dans les cellules des canalicules uri-nifères, dans les jeunes follicules de Graaf, qu'elles transforment en une poche remplie de Psorospermies. Comme, en même temps, elles se multiplient avec une activité prodigieuse, il en résulte que les animaux ainsi infestés présentent des troubles graves et peuvent même périr.

Certains états morbides des Poissons doivent sans doute être attribués aux Myxosporidies. Tel est le cas de cette Merluche observée par J. Müller, et qui était remarquable par une maigreur extraordinaire. J'ai, pour ma part, rencontré souvent des Gardons, des Tanches et d'autres Poissons que la présence de ces parasites avait réduits à un état cachectique, caractérisé par la décoloration des tissus, la destruction des globules sanguins rouges, l'augmentation des globules blancs : c'était une véritable leucocythémie. Il n'est donc pas surprenant que cette maladie puisse causer de grands ravages parmi les Poissons, surtout les jeunes, qui en sont plus souvent affectés. Cependant, cette cause n'est pas indiquée parmi celles qui font périr les Poissons. Cela tient d'ailleurs à une raison bien simple : quand la maladie règne, on cherche d'abord, pour l'expliquer, ce qu'il y a de plus gros, et le plus ordinairement ce sont les Helminthes, que l'on accuse. C'est ce qui est arrivé lors de l'épidémie qui a sévi, il y a quelques années, sur les Tanches, dans les étangs des Dombes ; c'étaient des Ligules qui entravaient la digestion, et les Poissons mouraient d'inanition. Mais on ne songe pas, le plus souvent, aux causes microscopiques. Aujourd'hui, cependant, on pénètre davantage dans l'intimité des tissus pour y rechercher les lésions qui expliquent les phénomènes morbides. Pour moi, je crois que si l'on cherchait plus souvent, on arriverait à trouver plus souvent aussi des lésions microscopiques, et l'on expliquerait la mortalité qui sévit sur les jeunes Poissons, et particulièrement sur ceux qui vivent sur les fonds marécageux et la vase. En effet, outre les espèces que j'ai déjà signalées d'après mes propres travaux et d'après ceux d'autres observateurs, il en est beaucoup d'autres qui renferment des Psorospermies, et il n'est pour ainsi dire pas une seule espèce de Poisson où je n'aie trouvé une Psorospermie d'une forme particulière et spéciale. Par contre, jamais je n'en ai trouvé sur les Salmonides de nos bassins de pisciculture du Collège de France, souvent atteints, en revanche, par un autre Protozoaire, un Infusoire cilié parasite, l'*Ichthyophtirius multifiliis* (1).

(1) A la fin de l'hiver de 1883, un autre Infusoire, un Flagellé d'espèce nouvelle, a fait de grands ravages parmi nos jeunes alevins de Truite et de Saumon : c'est le *Bodo necator*, dont M. Henneguy, préparateur du cours, a donné la description dans les *Comptes rendus de l'Acad. des sciences* du 5 mars 1883. — Sur l'*Ichthyophtirius multifiliis*, voir la note de M. Daniel Fouquet dans les *Archives de Zoologie expérimentale*, t. v. 1876.

V

LES PSOROSPERMIES DES ARTICULÉS

OU MICROSPORIDIES

I

Il me reste à examiner un dernier groupe, une dernière famille de Sporozoaires, mais j'avoue que je ne sais au juste quel nom lui donner, et pour vous faire comprendre mon embarras, il me suffira de vous retracer l'historique de nos connaissances sur ce sujet.

En 1853, Leydig *(Zeitschrift f. wiss. Zool.*, t. V) signala dans le *Coccus hesperidum*, Insecte hémiptère bien connu des horticulteurs et que l'on trouve dans toutes les serres, des corpuscules brillants, ovalaires, libres, très réfractaires aux réactifs chimiques, acide acétique, soude caustique, etc. Il les avait rencontrés dans la cavité du corps et, sans décrire chez eux aucune organisation, il les compara, pour l'aspect, aux pseudonavicelles des Grégarines, et ne leur donna pas de nom particulier.

De 1855 à 1863, il retrouva ces corpuscules chez beaucoup d'autres Articulés, des Araignées, une Abeille, une Tipule des prés, des Crustacés (*Daphnia*). Ces corpuscules, semblables aux précédents, étaient répandus dans tous les organes du corps et présentaient la même résistance aux réactifs. Leydig revient sur leur ressemblance avec les pseudonavicelles ou les Psorospermies, c'est le terme dont il se sert, car on doit se rappeler que Leydig et Lieberkühn désignaient sous le nom de Psorospermies les pseudonavicelles des Grégarines. D'ailleurs Leydig considérait ces corpuscules comme des végétaux.

Pendant ce temps, d'autres auteurs les trouvaient dans les animaux les plus différents : Hermann Munk, dans le tube génital de l'*Ascaris mystax*, un Ver nématoïde ; Bischoff, chez ces mêmes animaux, et cet auteur commit même, à ce sujet, une erreur restée célèbre dans la science, car, à un certain moment, il prit ces petits corps pour les corpuscules séminaux des Nématoïdes. Une discussion importante s'était alors élevée entre les naturalistes relativement aux éléments fécondateurs des Nématoïdes : c'est dans cette discussion que Bischoff intervint avec un fait faux en représentant les corps qui nous occupent comme des corpuscules séminaux. Vlacovich, professeur à Padoue, les trouve chez un Reptile, le *Coluber carbonarius* et les signale encore chez un Insecte orthoptère, le *Grillus campestris* ou Grillon des champs ; Lebert et Frey, chez un Insecte coléoptère, l'*Emus olens*. Mais le fait le plus important fut la rencontre de ces corpuscules chez les Vers à soie, alors décimés par une cruelle maladie qui dévastait les magnanneries de l'Europe entière, la *gattina* des Italiens, qu'on appelait en France *pébrine*, *maladie des petits*, à cause de la petite taille qu'atteignaient les individus malades, *étisie*, et plus récemment *maladie corpusculeuse* (Pasteur).

Rien de plus différent que les opinions des auteurs sur la nature de cette maladie, et ceux qui ont signalé la présence des corpuscules chez le Ver à soie sont très nombreux : Cornalia, Filippi, Ciccone, Vittadini, etc. On les appela alors *corpuscules de Cornalia* ou *corpuscules vibrants*, en raison d'un mouvement d'oscillation très remarquable dont ils sont animés et qui n'est qu'un mouvement brownien. De tous côtés on se mit à les étudier : les Italiens les considéraient comme résultant d'une métamorphose régressive des cellules, et telle était aussi l'opinion de Chavannes, (de Lausanne), qui les prenait pour les nucléoles des globules sanguins détruits.

Guérin-Méneville, qui avait été chargé par le gouvernement français d'étudier la maladie, considéra les corpuscules comme des *hématozoïdes* parasites du sang ; Nægeli, de Munich, en fit des Champignons schizomycètes, le genre *Nosema*, et ceux des Vers à soie furent le *Nosema bombycis*. Pour Lebert, de Breslau, c'était aussi un végétal, une Algue unicellulaire, le *Panhistophylon ovatum*. E. Hallier, d'Iéna, les désigne comme les stylospores d'un Champignon très commun, qu'on rencontre sur des plantes très diverses, le *Pleospora herbarum*, opinion combattue par Gibelli, Maestri et Colombo, qui nourrirent des Vers à soie avec des feuilles infectées de *Pleospora* sans que ces Vers contractassent jamais la pébrine. D'autre part, les corpuscules eux-mêmes n'ont jamais présenté de germination, et, cette observation négative, je puis la confirmer, car j'ai eu l'occasion de la faire : jamais les corpuscules ne germent comme ils le feraient s'ils représentaient les spores d'un Champignon.

M. Pasteur a beaucoup varié dans son opinion sur ces corpuscules. D'abord il les avait assimilés à des cellules cancéreuses, mais en 1866 (*Comptes rendus de l'Académie des Sciences*), il les regardait comme des productions ni animales ni végétales, incapables de se reproduire et qu'il fallait ranger « parmi ces corps réguliers de formes que les physiologistes distinguent sous le nom d'*organites* », et il cite comme appartenant à cette classe les globules du sang, les globules du pus, les grains d'amidon et les spermatozoïdes. C'est là, certainement, une définition qu'un biologiste n'eût pas donnée.

En 1870 (*Études sur la maladie des vers à soie*), il se range à l'opinion de Leydig et classe les corpuscules de la pébrine parmi les Psorospermies. En faisant cette assimilation, Leydig avait dit lui-même qu'il ne cédait qu'à une simple impression relativement à la ressemblance de ces êtres, et, en effet, il ne s'était pas assuré le moins du monde de la nature psorospermique des corpuscules (Müller's *Archiv* 1863). Cependant, dès 1867, je publiais plusieurs Mémoires, d'abord dans les *Comptes rendus de l'Académie des Sciences*, puis un peu plus étendus et accompagnés d'une planche dans le *Journal de l'Anatomie* de Ch. Robin, et j'apportais, je crois, la première démonstration de la nature psorospermique de ces corps par des preuves tirées de leur mode de développement absolument ignoré jusque-là. Néanmoins, M. Pasteur, ses élèves et ses partisans continuent à attribuer la découverte de la vraie nature des corpuscules pébrineux à Leydig qui n'a fait que la soupçonner et n'en a pas donné la moindre preuve. Je pourrais demander à M. Pasteur pourquoi il a attendu jusqu'en 1870, et jusqu'à ce que je sois venu confirmer l'idée de Leydig, pour se ranger à l'opinion de l'auteur allemand ? — Et alors pourquoi n'emploie-t-il pas le nom de *Psorospermies* et use-t-il constamment du mot *corpuscules* qui n'a rien de scientifique et qu'il faut bannir de la science ; mot qu'on était en droit d'employer quand on n'avait pas de connaissances sur la nature de ces corps, mais qu'il faut abandonner, aujourd'hui qu'on sait, grâce à mes observations, que ce sont des Psorospermies. — Et encore ce dernier nom est-il maintenant trop vague, puisqu'il s'applique à des Grégarines, aux Psorospermies des Poissons, aux Coccidies et aux Psorospermies utriculiformes des muscles. Il désigne aujourd'hui trop de choses pour servir encore à désigner une chose nouvelle, les corpuscules des Vers à soie malades. D'ailleurs, ceux-ci n'appartiennent à aucun des groupes que nous avons étudiés ; il faut donc créer un autre terme, et je propose, pour la première fois, le nom de MICROSPORIDIES. La raison qui m'a porté à créer cette nouvelle dénomination est fondée sur un caractère physique, savoir, l'extrême petitesse de ces organismes.

II

Nous venons de voir combien les auteurs diffèrent d'opinion sur la nature des corpuscules des Vers à soie malades de la pébrine, ainsi que de ceux de beaucorp d'autres animaux, Insectes, Arachnides, Crustacés. Nous devons ajouter au nombre de ces animaux un Ver cestoïde, le *Tænia expansa* des Ruminants, chez qui ils ont été vus par M. Monniez, (*Bull. scient. du département du Nord*, 1879). Stein a été jusqu'à les trouver chez les Infusoires, mais inconsciemment. Il représente dans son grand ouvrage des *Stentor Rœselii* avec un noyau fragmenté, tandis qu'il est ordinairement rubané (1). Les fragments sont hypertrophiés sous l'influence des parasites, et bourrés de petits corpuscules tout à fait analogues, d'après les figures et les descriptions de Stein, à des productions parasitaires. Et ces fragments, écrasés sous le microscope, montraient ces corpuscules ovalaires, brillants, tout à fait semblables à ceux de la pébrine. Stein pensait d'abord avoir affaire à des spermatozoïdes, mais il a fini par reconnaître qu'il se trouvait en face de parasites dont la nature lui était inconnue, mais je ne doute pas que ce ne soit des Microsporidies.

Ces productions sont donc très répandues, mais c'est chez les Articulés et surtout les Insectes qu'on les trouve le plus fréquemment, ce qui justifie le nom de *Psorospermies des Insectes* qu'on leur a donné quelquefois. Nous avons vu que ce nom de Psorospermies est devenu trop vague aujourd'hui, car il s'applique à plusieurs groupes de Sporozoaires et à leurs corps reproducteurs. Aujourd'hui donc, je pense que le besoin de leur coordination systématique se fait sentir et qu'il convient d'apporter un peu d'ordre dans la classification de ces êtres. Ainsi, nous avons désigné les uns, avec Leuckart, sous le nom de Coccidies;

(1) *Der Organismus der Infusionsthiere.*, 2ᵉ partie, 1867, pl. VIII, fig. 13 et 1

Bütschli a désigné sous celui de Myxosporidies les Psorospermies des Poissons ; j'ai proposé précédemment le nom de Sarcosporidies pour les Psorospermies des muscles, et pour justifier celui de Microsporidies pour les parasites psorospermiques des Insectes, je me base, pour établir cette désignation, sur l'extrême petitesse de ces organismes, qui sont les plus petits de tous les Sporozoaires, car ils ne mesurent pas plus de 4 μ de long sur 2 μ de large. Vlacovich a calculé le volume d'un seul de ces corpuscules et a trouvé 67 mille millionièmes de millimètre cube : 0mm000000067, c'est-à-dire que pour occuper l'espace d'un millimètre cube il faudrait plus de quatorze millions de ces organismes. Si on les compare aux autres Sporozoaires, par exemple aux Coccidies, on trouve que celles-ci sont de véritables colosses, car les spores du *Coccidium oviforme* du Lapin, par exemple, ont une longueur de 18 μ sur 9 μ de largeur.

Cette taille si minime rend très difficile l'observation de la structure intime de ces productions. Elles sont certainement formées d'une membrane d'enveloppe et d'un contenu, bien qu'il soit impossible de les distinguer à cause de la très faible différence de leur pouvoir réfringent, mais au moment de la reproduction, le contenu s'échappe et, alors, on peut reconnaître la présence de la membrane qui forme un petit sac vide à double contour.

La surface de ces spores est absolument lisse et sans détails de structure, même sous le plus fort grossissement. Leydig, avec un grossissement considérable, a cru reconnaître une ligne saillante allant d'un pôle à l'autre du corpuscule. J'avais cru aussi, dans le principe, reconnaître cette ligne, et j'en avais conclu que ces Psorospermies présentaient une structure bivalve comme celles des Poissons. Aujourd'hui, je crois que j'ai été victime d'une erreur d'optique, d'autant plus que, quand la spore s'est vidée, ce n'est pas par l'écartement des valves, mais par un orifice qui s'ouvre à l'un des pôles.

Quelques auteurs ont signalé la présence d'un noyau dans les Psorospermies de certains Arthropodes. Leydig l'a décrit chez celles du *Daphnia rectirostris*. Munk , chez les Psorospermies de l'*Ascaris mystax*, a vu aussi une tache claire qu'il suppose un noyau. Mais ces faits sont très douteux.

M. Pasteur distingue, chez le Ver à soie, plusieurs variétés de corpuscules. D'abord, des corpuscules ovoïdes, brillants, homogènes, qui ne présentent rien de bien appréciable dans leur intérieur. Il les considère même comme des organismes caducs, décrépits et incapables de reproduction. Puis, des corpuscules en forme de gourde, étranglés au milieu, ou de poire, beaucoup plus pâles, formés d'une enveloppe à double contour et d'un contenu dans lequel sont deux ou trois petites granulations, ou même davantage, qu'il appelle des *granulins*. Nous verrons quel rôle il leur fait jouer. Ces corpuscules piriformes, pâles, sarcodiques, sont pour lui des organismes jeunes et seuls capables de se multiplier. Nous reviendrons sur ce sujet.

J'ai observé aussi des corpuscules piriformes associés à d'autres et qui paraissaient présenter quelque chose comme un noyau, mais en les examinant de plus près, on reconnaît une simple vacuole placée vers l'une des extrémités ou vers les deux extrémités (Pl. V, fig. 1, *b, c.*) Je ne considère pas ces corpuscules comme des formes parfaites mais comme des spores en voie de développement ; du reste, je n'ai jamais vu trace de noyau. On pourrait cependant, par analogie, conclure à l'existence de ce noyau, car on sait combien ce petit élément est difficile à distinguer dans les spores beaucoup plus volumineuses des Coccidies et des Grégarines.

Quant à l'action qu'exercent les substances chimiques sur ces corpuscules, tous les auteurs sont d'accord pour reconnaître l'extrême résistance que ceux-ci présentent, même aux réactifs les plus concentrés. Leydig, le premier, a signalé cette résistance. D'après Vlacovich, quand on fait subir à ces corps un traitement par des acides, puis par une solution alcoolique d'iode, ils prendraient une coloration violette, d'où Vlacovich a conclu que leur enveloppe, au moins, est formée par une substance analogue à la cellulose végétale, mais le fait n'a pas été confirmé. M. Pasteur a reconnu aussi l'extrême résistance aux agents chimiques que présentent les corpuscules ovoïdes brillants qu'il considère comme des formes âgées et caduques, tandis que les corps piriformes, jeunes et prolifiques, sont plus facilement attaquables par les réactifs. Il a vu que l'eau iodée contracte leur contenu et leur donne un aspect vacuolaire ou granuleux.

Tels sont les principaux caractères de ces Microsporidies quand on les examine en dehors de l'organisme de l'Insecte. Voyons maintenant comment elles se comportent en présence des tissus de l'animal vivant.

La meilleure méthode pour suivre le développement des Microsporidies du Ver à soie consiste à faire ingérer des corpuscules à des Vers bien sains. Il y a pour cela un moyen fort simple. C'est de délayer dans de l'eau des spores prises dans un papillon de Ver à soie corpusculeux que l'on broie dans un mortier et dont on fait une bouillie avec laquelle on badigeonne des feuilles de mûrier. On présente celles-ci aux Vers sains qui les acceptent assez bien. Au bout de très peu de jours les Vers à soie sont infestés. On trouve d'abord les corpuscules dans l'intestin. Ingérés avec les feuilles de mûrier, ils sont, en effet, d'abord en contact avec la paroi de l'intestin. Cette paroi est constituée, à l'intérieur, par une cuticule extrêmement fine, anhiste, sans solution de continuité. Sous la cuticule est la couche épaisse des cellules épithéliales, recouverte elle-même de deux couches musculaires, l'une à fibres transversales, l'autre à fibres longitudinales. Enfin vient la membrane séreuse qui tapisse l'intestin au dehors. Au bout de quelques jours, les corpuscules ont franchi la cuticule et on les trouve dans les cellules épithéliales et même dans les tuniques musculaires.

Pour faire cette expérience, il faut opérer sur des Vers très jeunes et ayant, au plus, quelques millimètres de long, sans quoi on ne pourrait qu'avec beaucoup de peine examiner le tube digestif dans toute sa longueur. Dans ces conditions, même, je n'ai pas pu découvrir le mécanisme de la pénétration des corpuscules à travers la cuticule.

Mais en examinant ce qu'ils sont devenus dans les cellules épithéliales, et mieux encore, dans les tuniques musculaires, j'ai aperçu des petites masses sarcodiques, de volume très variable, ordinairement allongées dans la direction des fibres longitudinales. Les plus petites dépassent à peine le volume d'un corpuscule; d'autres sont plus ou moins volumineuses, mais toujours dirigées dans le sens longitudinal, dans l'interstice des fibres musculaires. Ces petites masses sarcodiques sont la matrice des corpuscules et l'on peut les comparer aux Myxosporidies des Poissons. En effet, on voit d'abord apparaître dans ces masses sarcodiques, quand elles ont pris une certaine dimension en absorbant les sucs nutritifs ambiants, de petits globules pâles qui grossissent et se transforment en corps ovalaires ou piriformes, mais toujours plus larges que les corpuscules mûrs. Ce sont les jeunes spores. Dans ces spores, on voit se former une ou deux grandes vacuoles pâles, puis, les spores se condensent, prennent plus de consistance, les vacuoles s'effacent, et tout le sarcode disparaît, absorbé par les éléments qui se sont formés dans son sein. Il ne reste alors qu'un petit amas de spores mûres qui s'éparpillent dans tous les sens, en raison de ce que la masse sarcodique disparue ne peut plus les retenir. Ils vont donc se développer ailleurs en d'autres masses sarcodiques, et c'est ainsi que l'organisme tout entier du Ver se remplit de proche en proche de Microsporidies.

III

Comment naissent ces petites masses sarcodiques ou Microsporidies?

Dans mes premières recherches, en 1866, j'avais cru que les corpuscules, au contact des tissus du Ver, subissaient comme une sorte de ramollissement et se transformaient en un petit globule de sarcode homogène qui prenait ensuite la forme d'une petite amibe. Celle-ci allait en grossissant et, parvenue à une certaine dimension, donnait naissance, par génération endogène, à des corpuscules qui recommençaient le cycle des phénomènes. Mais j'ai observé plus récemment sur *l'Attacus Pernyi* que les Microsporidies ne se forment pas de cette manière, mais par un procédé qui présente beaucoup d'analogie avec celui qui produit les Myxosporodies des Poissons. Nous avons vu que celles-ci ne sont que le contenu sarcodique de la spore qui s'échappe sous forme d'Amibe, grossit aux dépens des tissus ambiants et forme ces masses gélatineuses dans lesquelles se produisent de nouvelles spores. Ce sont les mêmes faits que j'ai observés, il y a deux ans, pour les Microsporidies des Insectes. Les spores s'ouvrent non pas par l'écartement de deux valves, mais elles se percent par un bout et le contenu s'échappe sous la forme d'un petit globule qui se meut par des mouvements amiboïdes. Comment a lieu l'ouverture de la spore? Par dissolution locale de la membrane d'enveloppe ou par un micropyle préformé? La petitesse de ces éléments rend l'observation du processus trop difficile pour qu'on puisse répondre à cette question. Après la sortie du contenu l'enveloppe de la spore se présente comme une membrane à double contour très net (Pl. V, fig. 2).

On pourrait objecter, avec quelque apparence de raison, que j'ai pu confondre ces spores de Microsporidies avec des spores de Schizomycètes, de *Bacillus*, par exemple, qui ont un mode de germination tout à fait analogue. Chez certains *Bacillus*, en effet, les spores, au moment de germer, s'ouvrent aussi, par une extrémité et le contenu s'échappe ; mais il y a des caractères qui permettent de distinguer les spores des *Bacillus* et celles des Microsporidies : d'abord, le volume. Les spores de *Bacillus* sont beaucoup plus petites et les plus volumineuses, celles du *Bacillus* ou *Clostridium amylobacter*, ne mesurent que $2\ \mu$ à $2,5\ \mu$ de long sur $1\ \mu$ de large. De plus, dans la spore de Microsporidie, le contenu sort comme une petite masse irrégulière, amiboïde, tandis que dans la spore de *Bacillus*, le contenu affecte au moment de sa sortie la forme d'un bâtonnet cylindrique ; celui-ci bientôt s'allonge et se divise en nombreux articles qui tantôt se séparent les uns des autres, tantôt restent contigus et forment un filament plus ou moins long.

D'ailleurs, je n'ai jamais observé de Schizomycète, *Bacillus* ou autre, chez les *Attacus Pernyi* même les plus malades de la pébrine, et jamais je n'ai trouvé, chez cette espèce, de coïncidence des parasites de cette dernière maladie avec les parasites de la flacherie.

Il résulte de tout ce qui vient d'être dit que, d'après les phénomènes de leur reproduction et de leur développement, les parasites de la pébrine, maladie engendrée précisément par l'abondance de la production des corpuscules, sont de véritables Psorospermies, comme j'ai essayé de l'établir dès 1866. Mes observations sont donc les premières qui aient donné une base certaine à l'opinion de Leydig, et M. Pasteur les pouvait juger autrement qu'en disant que j'ai fait connaître le premier en France la manière de voir de l'observateur allemand (*Études sur la maladie des vers à soie*, t. I, p. 30). M. Pasteur a d'ailleurs cherché aussi à étudier le développement des corpuscules de la pébrine et est arrivé à des résultats bien différents. L'exposition n'en est même pas facile à comprendre et déroute les biologistes qui y cherchent des analogies avec les phénomènes que présentent les organismes connus.

Pour M. Pasteur, les corpuscules ovoïdes, brillants, qu'on rencontre par milliers dans les Vers à soie pébrineux seraient, comme nous l'avons dit antérieurement, des formes caduques, décrépites et incapables de

se reproduire ; il les compare aux globules rouges du sang des Vertébrés, aux globules du pus, et les désigne sous le nom d'*organites*. Et
à ce propos, je dois vous donner quelques explications sur ce terme
d'*organites* que l'on rencontre quelquefois dans différents ouvrages
où il est pris dans des acceptions très diverses. Il a été créé par Serres,
en 1842, pour désigner les parties de l'embryon qui se réunissent pour
former un organe chez l'adulte : par exemple, les trois pièces qui composent l'os iliaque ou celles qui forment les autres os. Tel est le sens
attribué par Serres à ce terme, et c'est toujours ainsi qu'on l'entend en
anatomie comparée et en embryologie. Mais, plus tard, on a désigné
sous ce nom tantôt les globules du sang, tantôt les éléments anatomiques en général (1). C'était déjà inutile, mais M. Pasteur lui donne
encore des significations nouvelles et l'applique aux globules du sang
et du pus, aux grains d'amidon, aux spermatozoïdes, aux corpuscules
des Vers à soie pébrineux, c'est-à-dire aux choses les plus hétéroclites.
C'est donc là un mot qu'on doit rejeter de la science, à moins de le
restreindre au sens pour lequel Serres l'avait créé. — Mais revenons
à notre sujet.

Les corpuscules seuls capables de se reproduire, d'après M. Pasteur,
sont ceux qu'il appelle *cellules* et *corpuscules piriformes ;* les premiers sont arrondis, les seconds en forme de poire ou de gourde.
Ces derniers sont pâles, ternes, « sarcodiques » ; ils se détruisent facilement par les réactifs, l'eau iodée, par exemple, qui les contracte et
fait apparaître, dans leur intérieur, une ou plusieurs granulations
mûriformes que M. Pasteur désigne sous le nom de *granulins* ou de
nucléoles, et qu'il considère comme les germes des corpuscules. Quant
aux éléments qu'il appelle *cellules*, on ne sait trop pourquoi, car il y a
dans toute cette description un abus de termes évident, ils représentent des formes encore plus jeunes. Ces cellules produisent aussi des
granulins et ceux-ci se transforment dans la cellule mère en autant de

(1) Milne Edwards, *Leçons sur la physiologie et l'anatomie comparée de l'homme et
des animaux*, 1857—1881.

corpuscules nouveaux qui, devenus libres à l'état sarcodique, se multiplient par scission transversale et prennent enfin l'aspect de corpuscules ovoïdes, brillants, caducs.

M. Pasteur paraît admettre aussi que, dans certaines conditions, les granulins, au lieu de se développer dans l'intérieur du corpuscule mère, s'échappent par un orifice de la paroi et c'est dans les tissus du Ver que s'opère leur transformation en corpuscules bien développés. Quelle est la nature de ces granulins ? M. Pasteur ne le dit pas : il les appelle aussi quelquefois *nucléoles*, ce qui ne rend pas sa description plus claire, — au contraire. Comment s'opère cette transformation des granulins, soit dans les cellules mères, soit dans l'organisme du Ver, après qu'ils sont mis en liberté ? Par un simple gonflement du granulin ou par un dépôt de matière à sa surface. — Ce qui manque surtout pour l'intelligence de ces phénomènes, ce sont des termes de comparaison permettant de les rattacher à des phénomènes analogues qui se produisent chez d'autres organismes. On ne sait, en effet, quel est le mode de développement observé chez d'autres êtres vivants, auquel on puisse comparer ce que M. Pasteur a décrit ; tout au plus peut-on rapprocher ces faits de ce que certains auteurs ont observé chez quelques Protozoaires. On se rappelle que Stein a vu s'échapper du corps de certains Flagellés enkystés des granules qu'il considère comme des spores et qui se développent au dehors en nouveaux Flagellés. On aurait vu aussi, de l'intérieur de quelques Rhizopodes, sortir de petites spores, se développant en nouveaux individus. Mais, outre que ces faits sont encore très problématiques, les Microsporidies ne ressemblent en rien à des Flagellés, non plus qu'à des Rhizopodes.

Les faits décrits par M. Pasteur s'éclairent, au contraire, d'un nouveau jour, quand on les interprète à la lumière de mes observations. En effet, ces corpuscules pâles, sphériques ou piriformes, qui, pour M. Pasteur, sont la forme fertile et reproductrice du parasite, sont mes corpuscules en voie de développement. C'est sous cette forme qu'on les voit apparaître d'abord dans les masses de sarcode, et, une fois mûrs, ils deviennent les corpuscules ovoïdes brillants. Ceux-ci représentent un état de maturation complète et non de décrépitude. Quant aux granulins, quelle est leur signification? — Il est probable que M. Pasteur a attaché une très grande importance à des éléments qui sont loin de jouer le rôle qu'il leur a attribué. Sans doute ces granulins ne sont autre chose que les granulations graisseuses qui se trouvent en si grand nombre dans les masses sarcodiques formant la matrice des spores chez tous les Sporozoaires, granulations graisseuses que l'on voit aussi dans les jeunes spores. M. Pasteur leur a donc attribué une importance exagérée.

Il décrit aussi une multiplication par division spontanée et suppose qu'avant de passer à l'état d'organismes caducs et décrépits, les corpuscules se multiplient par scissiparité. Or, j'ai publié un travail spécial pour montrer quelle est la source de l'erreur commise par M. Pasteur à ce sujet. J'ai montré *(Comptes rendus de l'Académie des Sciences,* 1866) que ce que M. Pasteur a décrit comme une division est une coalescence de deux corpuscules, ce qui résulte de leur mode de développement au sein des masses plasmiques dans lesquelles des corpuscules restent souvent accolés. Du reste, cette multiplication des spores par scissiparité ne s'observe dans aucun autre groupe de Sporozoaires.

Je crois qu'il est inutile de m'arrêter plus longtemps sur les observations de M. Pasteur, que je pense pouvoir caractériser d'un seul mot en disant que leur auteur y prouve combien il est peu familier avec les recherches de la biologie. Mais avec cette réserve, je rends justice à ses travaux qui ont rendu aux sériciculteurs un réel service en leur permettant de reconnaître une graine saine d'une graine malade.

Quand la spore a franchi le tube digestif du Ver à soie, car c'est toujours par là qu'elle s'introduit dans l'animal, le chemin lui est ouvert pour pénétrer dans tous les organes, même les plus éloignés du point d'entrée. C'est ainsi que les parasites arrivent dans les glandes séricigènes, dont ils distendent les cellules et en forment des tumeurs toutes remplies de spores et de masses psorospermiques. (Fig. 48). Les vaisseaux de Malpighi, les parois intestinales (Fig. 49), le corps graisseux, tous les organes, en en mot, de la chenille, sont gorgés de corpuscules. Pendant l'état de chrysalide, l'envahissement se continue et se propage aux organes nouveaux qui appartiennent en propre au papillon, les pattes, les ailes, les antennes, etc. — Le parasite pénètre jusque dans la profondeur des organes de la reproduction, dans les faisceaux spermatiques, les gaines ovigères, les ovules (Pl. V, fig. 5, 6, 7), où il va infecter d'avance les nouvelles générations.

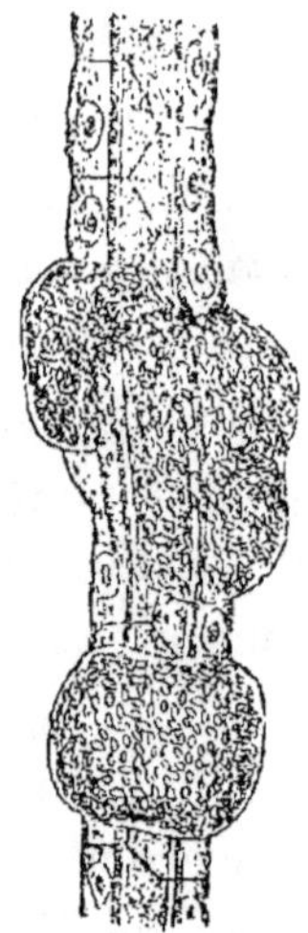

Fig. 48. — Portion de la glande séricigène d'un Ver à soie envahi par des Microsporidies (d'après Balbiani).

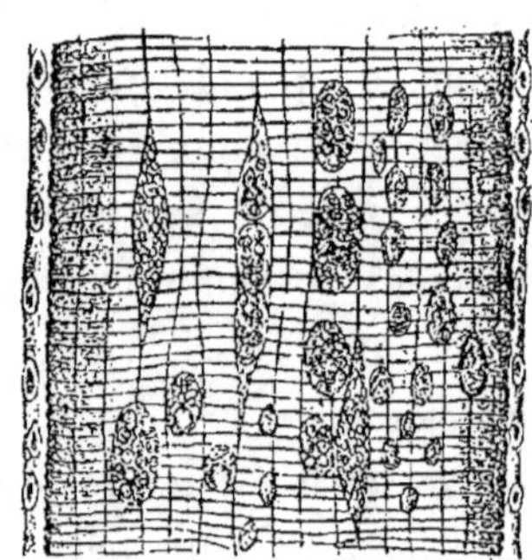

Fig. 49 — Portion de l'estomac d'une chenille de *Bombyx neustria* contenant des Microsporidies à divers états de développement (d'après Balbiani)

Ce n'est pas seulement chez le Ver à soie du mûrier que ces corpuscules donnent lieu à une maladie très grave, qui a porté un très grand préjudice à l'éducation de ces utiles insectes ; cette maladie commence aussi à envahir les Bombycides nouveaux que l'on élève comme succédanés du Ver à soie du mûrier. L'espèce qui remplit peut-être le mieux ce rôle est l'*Attacus Pernyi*. C'est une belle chenille qui a l'avantage de se nourrir des feuilles de nos chênes indigènes : son alimentation n'entraîne donc aucune dépense. Ses cocons sont énormes et fournissent la soie la plus belle, la plus solide après celle du Ver à soie ordinaire. On en fabrique déjà de très belles étoffes, en grande quantité. L'*Attacus Pernyi* est complètement acclimaté en Espagne et en Italie, et bien près de l'être aussi en France (1). Malheureusement, cette chenille commence à être envahie par la pébrine, que je crois avoir été le premier à signaler dans cette espèce où je l'ai étudiée d'une manière assez approfondie. Les Microsporidies qui donnent naissance à la maladie sont tout à fait semblables à celles qu'on trouve chez le Bombyx du mûrier, seulement elles présentent une particularité curieuse au point de vue pathologique : les parasites restent toujours confinés dans l'estomac et ne vont jamais au-delà, même dans les organes les plus voisins. La présence des corpuscules dans les cellules épithéliales de l'estomac donne lieu à une hypertrophie de cette couche : le protoplasma des cellules disparaît presque complètement et celles-ci sont réduites presque à la membrane d'enveloppe remplie de masses de parasites. (Pl. V, fig. 4).

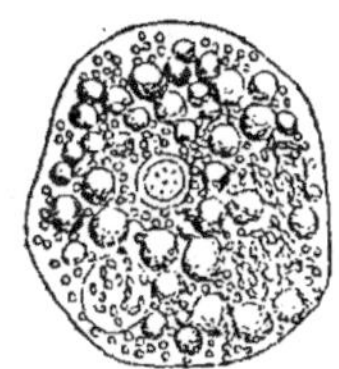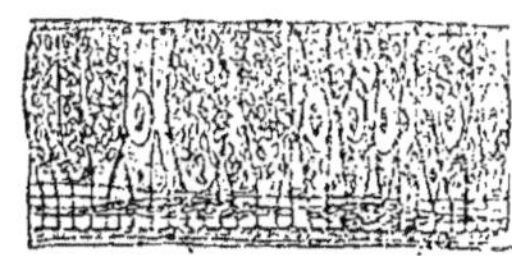

Fig. 50. — Cellules vitellines d'un œuf de *Bombyx mori* renfermant des Microsporidies. On voit, au centre de la grande cellule, un seul noyau sphérique et quatre noyaux dans la petite cellule (d'après Balbiani).

Fig 51. — Coupe de la paroi de l'estomac d'un jeune Ver à soie montrant les cellules épithéliales et la tunique musculaire remplies de Microsporidies (d'après Balbiani).

J'ai trouvé cette même localisation stomacale chez d'autres Insectes d'ordres très différents, une Sauterelle, le *Decticus griseus*, par

(1) Voyez Balbiani, *Rapport sur la Sériciculture nouvelle*, dans les *Rapports du Jury international de l'Exposition universelle de 1878*.

exemple (1). Les espèces sauvages sont souvent victimes d'épidémies de pébrine, mais, comme elles vivent isolément, la marche de la maladie est beaucoup plus lente que chez les Vers à soie, qui sont accumulés par milliers dans les magnaneries. On peut, d'ailleurs, communiquer la pébrine à d'autres Insectes en leur faisant absorber des spores de Microsporidies avec les aliments, et il suffit quelquefois, pour les infecter, d'un seul repas. Il y a, du reste, une espèce qui s'infecte encore plus vite que le Ver à soie, c'est le *Bombyx neustria*, vulgairement appelé la *Livrée*. Les excréments des Vers à soie, souillés de spores, mis en contact avec les feuilles fournies aux chenilles de cette espèce, suffisent pour infecter celles-ci (fig. 48). D'autres espèces sont, au contraire, plus résistantes à l'infection ou même paraissent absolument réfractaires. Ainsi, je n'ai jamais réussi à communiquer la pébrine à un autre Bombycide, le *Liparis chrysorrhœa*, vulgairement *Cul-brun*. Chez ces espèces, les corpuscules ne traversent jamais la cuticule qui double intérieurement l'estomac, par conséquent, n'apparaissent pas même dans les cellules épithéliales sous-jacentes. J'ai observé les mêmes résultats pour les larves de Mouches, de Fourmis, chez les Vers de farine ou larves du *Tenebrio molitor*. On avait eu l'idée, à un certain moment, d'utiliser les corpuscules de la pébrine pour détruire le Phylloxera, en répandant dans les vignes les litières des magnaneries. Mais il aurait fallu s'assurer d'abord si le Phylloxera appartient à la catégorie des animaux aptes à contracter la pébrine, et, de plus, trouver un moyen de lui faire absorber des corpuscules solides, à lui qui passe sa vie le suçoir enfoncé dans les racines de la vigne. Puis, comment aurait-on pu distribuer les corpuscules dans toute la terre d'un vignoble? — Mais hâtons-nous d'ajouter que cette idée paraît abandonnée. Elle était, du reste, jugée d'avance, car depuis longtemps on

(1) J'ai constaté récemment (1883), chez le Ver à soie du mûrier, une forme de pébrine caractérisée aussi par le développement exclusif des Microsporidies dans les cellules épithéliales de l'estomac. Voyez, sur ces parasites, chez l'*Attacus Pernyi*, ma Note dans les *Comptes rendus* du 4 décembre 1882.

se sert, dans les pays où l'on élève les Vers à soie, des litières des magnaneries pour fumer les vignobles, et cette pratique n'a eu aucune influence sur le Phylloxera, puisque c'est précisément dans cette région que le Phylloxera a fait sa première apparition : les départements du Gard, de Vaucluse, de l'Hérault.

Voulez-vous avoir une idée de la marche rapide de la maladie psorospermique des Vers à soie, en France, et des ruines qu'elle y a causées ? Il vous suffira de savoir qu'elle a débuté dans le département de Vaucluse en 1845, et qu'en 1846 elle avait déjà envahi l'Hérault, le Gard et la Drôme ; en 1849, l'Ardèche et l'Isère, et, en 1851, toutes les Cévennes, c'est-à-dire la région où l'on élève le plus de Vers à soie. A cette époque, tout ce pays était complètement ruiné et il ne restait plus une seule magnanerie. En 1856, la production de la soie était tombée au quart de son chiffre ordinaire. En 1854, l'Italie était envahie par la pébrine et bientôt elle le fut d'un bout à l'autre.

Quant aux pertes occasionnées par la pébrine, M. de Quatrefages, en 1867, les estimait, pour la sériciculture française seule, à un milliard au moins, depuis le début de la maladie en 1854, c'est-à-dire pendant une période de treize ans (1).

Cependant, depuis douze ou quinze ans, grâce à la méthode de grainage cellulaire appliquée à des graines reconnues saines par le microscope, méthode propagée par M. Pasteur, l'état des choses s'est amélioré. Depuis l'emploi de cette méthode, qui s'est promptement généralisée en France, en Italie, en Allemagne, et même au Japon, l'industrie séricicole tend à se relever. C'est ainsi que nos excellentes races jaunes, qui fournissaient la plus belle soie du monde entier, sont en grande partie reconstituées et l'importation étrangère a diminué. En effet, en 1869, les graines du Japon étaient importées pour 70 % pour l'approvisionnement des éducateurs français ; aujourd'hui, la proportion n'est plus que de 20 %. Malheureusement, ces résultats tendent

(1) *Rapports du Jury international de l'Exposition universelle de 1867*, t. XII, 1868, p. 429.

à être contrebalancés par le développement d'une autre grave maladie, la *flacherie,* dont la nature est plus obscure et qu'il est plus difficile de prévenir par les moyens prophylactiques.

A ces causes de dépérissement pour la sériciculture il faut, d'ailleurs, en ajouter d'autres qui proviennent de conditions économiques nouvelles pour l'industrie en France. D'abord, l'augmentation des frais d'éducation. Ces frais montent aujourd'hui à 115 francs par once de graine (de 25 à 30 grammes), pour la feuille de mûrier et la main-d'œuvre, tandis qu'autrefois ces dépenses ne s'élevaient qu'à 85 francs. Cette différence constitue une perte sèche même avec la production moyenne de 19 kilog. de cocons par once de graine qu'on récoltait autrefois. Pour équilibrer les frais, il faudrait que cette production s'élevât à 23 kil. au moins.

Il y a malheureusement encore à ajouter la concurrence des soies d'Orient, concurrence très active depuis l'ouverture du canal de Suez qui facilite l'importation de ces marchandises nouvelles. Puis, la diminution de la consommation de la soie : en effet, pour compenser la perte sur la production , les fabricants surchargent la soie de matières chimiques afin d'augmenter son poids , à ce point que pour une partie de soie il y a quelquefois 40 parties de surcharge chimique. Il en résulte que les étoffes de soie ainsi traitées se détruisent toutes seules, même sur les rayons des magasins. Aussi le public s'en dégoûte et préfère la laine et le coton, qui sont plus durables et plus solides.

Mais nous ne pouvons insister plus longtemps sur ces considérations d'ordre économique que l'on trouvera traitées avec détails dans divers ouvrages spéciaux et notamment dans l'excellent rapport de M. E. Maillot sur l'*Exposition séricicole de* 1878.

NOTE ADDITIONNELLE

RELATIVE AUX RÉACTIONS MICROCHIMIQUES DES SPOROZOAIRES.

L'impression de ce volume était presque terminée, lorsque je reçus de M. le Professeur Vlacovich, de Padoue, une lettre dans laquelle il me signala quelques inexactitudes que j'avais commises en parlant, dans mes leçons sur les Sporozoaires, publiées dans le *Journal de Micrographie*, de ses expériences sur les propriétés microchimiques des corpuscules des Vers à soie. Ces faits étant rapportés sans changement dans le présent volume, je m'empresse de rectifier, dans cette Note additionnelle, le passage concernant les observations de M. Vlacovich.

Il y est dit que ce savant avait constaté que les corpuscules prenaient une coloration violette après avoir été traités successivement par les acides et une solution alcoolique d'iode, mais que le fait n'avait pas été confirmé (voyez p. 156). En réalité, pour obtenir cette coloration, il faut, d'après M. Vlacovich, procéder de la manière suivante : Les corpuscules sont placés d'abord pendant 48 heures dans une solution concentrée de soude ou de potasse (26 % de soude ou 32 % de potasse); ils sont traités ensuite par une solution aqueuse saturée d'iode ou une solution diluée d'iode dans l'iodure de potassium, puis enfin par un acide minéral dilué ou un acide organique concentré, tel que l'acide acétique cristallisable. En suivant les indications de M. Vlacovich, j'ai pu effectivement me convaincre que les corpuscules prennent, sous l'influence de ce traitement, une coloration lie de vin ou même violette bien accentuée. M. Vlacovich me fait de plus remarquer que cette coloration n'est pas attribuée par lui, comme je le lui fais dire, à ce que la membrane d'enveloppe du corpuscule est formée par une substance analogue à la cellulose végétale, mais à l'existence d'une substance particulière imprégnant la membrane et peut-être même le contenu, d'où elle sort en partie pour se répandre par exosmose dans le liquide environnant. M. Vlacovich pense que cette substance est la *disamiline* de Naegeli (1). L'opinion de l'honorable professeur de Padoue sur le siège périphérique de la coloration violette des corpuscules des Vers à soie ne me paraît pas devoir être acceptée sans réserve. Si la question est difficile à trancher en raison de la petitesse de ces organismes et de l'impossibilité, au moins dans les conditions ordinaires, d'y distinguer une enveloppe et un contenu, les observations faites sur d'autres Sporozoaires semblent démontrer que c'est le contenu qui, sous l'action des réactifs, prend la coloration violette. Ainsi, Kloss, chez le *Klossia helicina*, et Bütschli, chez la *Gregarina Blattarum,* ont constaté qu'après le traitement par l'iode et l'acide sulfurique, les granulations de l'endoplasme prennent une teinte vineuse ou violacée, tandis que la membrane d'enveloppe n'offre rien de semblable. Bütschli en conclut que les granulations endoplasmiques sont formées par une substance plus ou moins analogue à la substance amyloïde, ainsi que je l'ai rapporté dans le texte (p. 20) (2). J'ai pu confirmer ces observations sur des *Klossia* qui se trouvaient dans des Hélices rapportées dernièrement des Pyrénées. Je me suis assuré que la coloration violette ne s'observe que sur les individus chez lesquels le travail de sporulation n'a pas encore commencé, et que, dès que le contenu s'apprête à se diviser en sphéres granuleuses ou sporoblastes, la coloration cesse de se manifester. J'ai d'ailleurs obtenu quelquefois celle-ci en employant seulement la potasse et l'iode, sans addition d'acide. Mais, quel que soit l'état de développement

(1) Vlacovich, *Sui corpuscoli oscillanti del Bombice del gelso*, p. 22 (Extrait des *Atti dell' Istutito veneto di scienze, lettere ed arti*, vol. XI. ser. III, 1867).

(2) C'est par erreur que le travail de Bütschli est mentionné dans le texte comme se trouvant dans l'*Archiv f. mikr. Anat.* 1876 ; il faut lire : *Archiv f. Anat. u. Physiol.* 1870.

de ces parasites , jamais l'enveloppe ne se colore ou elle prend seulement une couleur jaune ou brune suivant le degré de concentration de la solution iodée. Vlacovich a obtenu les mêmes résultats sur les Psorospermies oviformes du foie du Lapin, où il a vu également le contenu seul prendre, sous l'influence des réactifs, une teinte violette, tandis que l'enveloppe restait incolore (1).

Dans la lettre qu'il m'a fait l'honneur de m'adresser, M. le professeur Vlacovich revendique contre M. Pasteur la priorité de la distinction des corpuscules des Vers à soie en corpuscules pâles et corpuscules brillants (*Corpuscoli pallidi e lucidi*). Mais il rattache ces variations dans les caractères optiques des corpuscules à des différences dans leur structure et leur composition intime, sur lesquelles il me paraît inutile d'insister, tandis que nous avons vu qu'elles se rapportent en réalité à des états de développement différents ; les corpuscules brillants représentant l'état de maturité complète, et les corpuscules pâles des formes incomplètement développées. La cause de ces différences d'aspect des corpuscules devait échapper à M. Vlacovich dans l'ignorance où il se trouvait des phénomènes de reproduction de ces organismes : il croit, en effet, à leur multiplication par division et admet, en outre, comme une simple hypothèse, leur reproduction par des germes minimes qui se forment dans l'intérieur des corpuscules adultes. A cet égard . ses idées ne sont donc pas plus exactes que celles de M. Pasteur, et pour cette raison il est inutile d'insister sur la réclamation qu'il élève contre ce dernier.

(1) *Loc. cit.*, p. 14

FIN

TABLE DES MATIÈRES.

TABLE DES FIGURES DANS LE TEXTE.

Pages

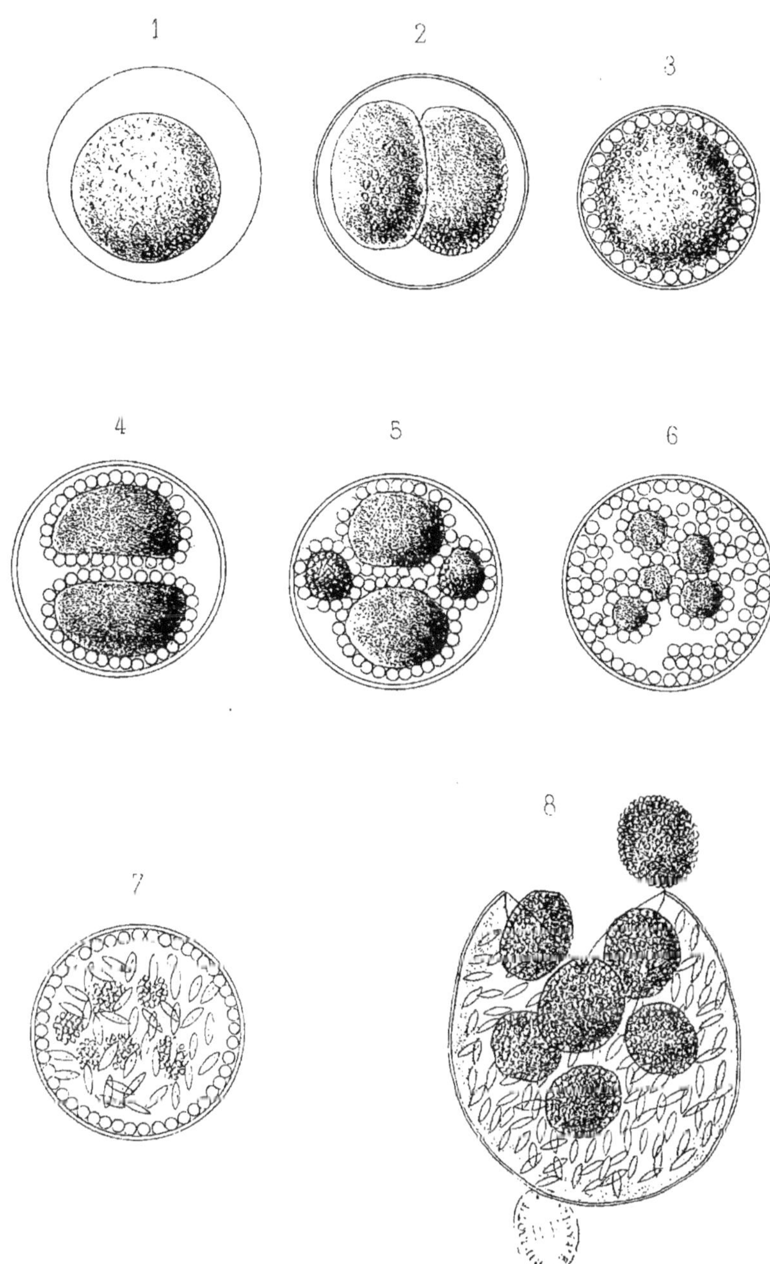

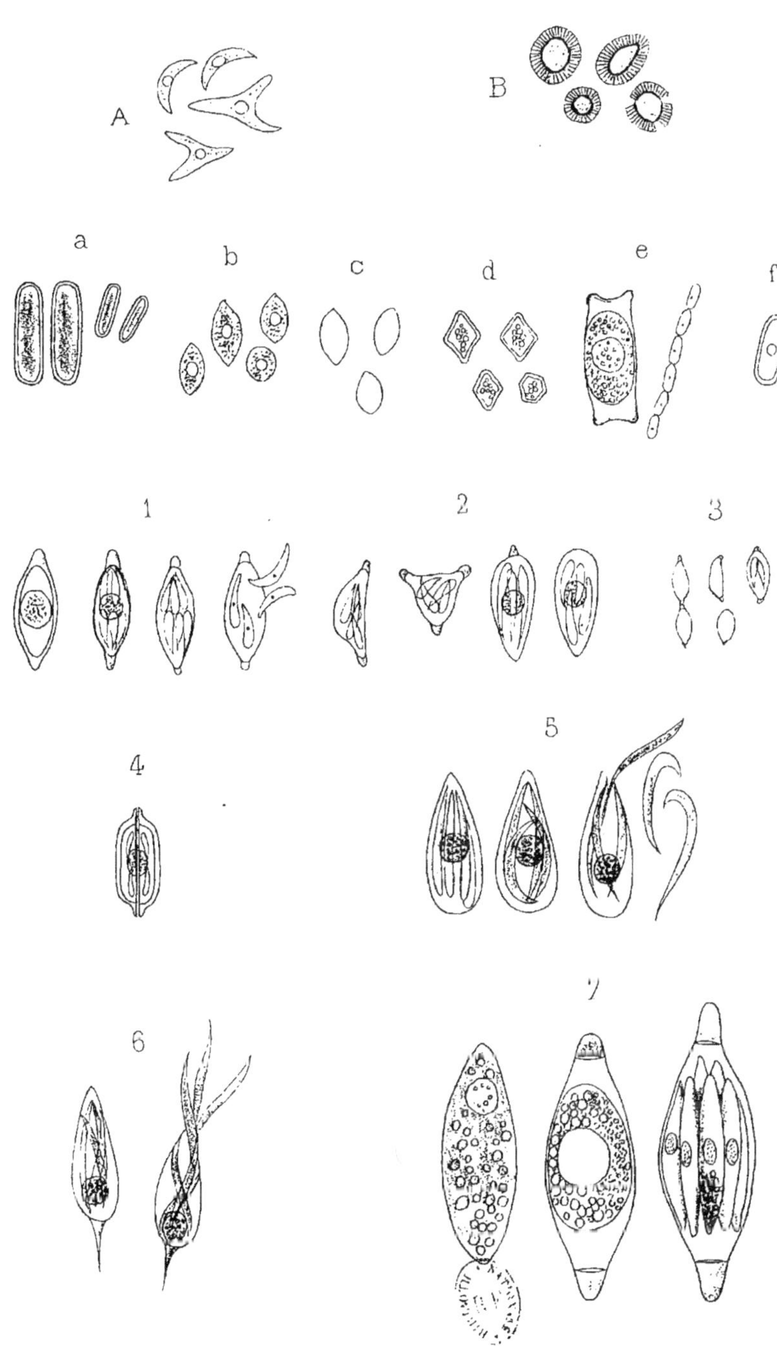

G. Balbiani, del.

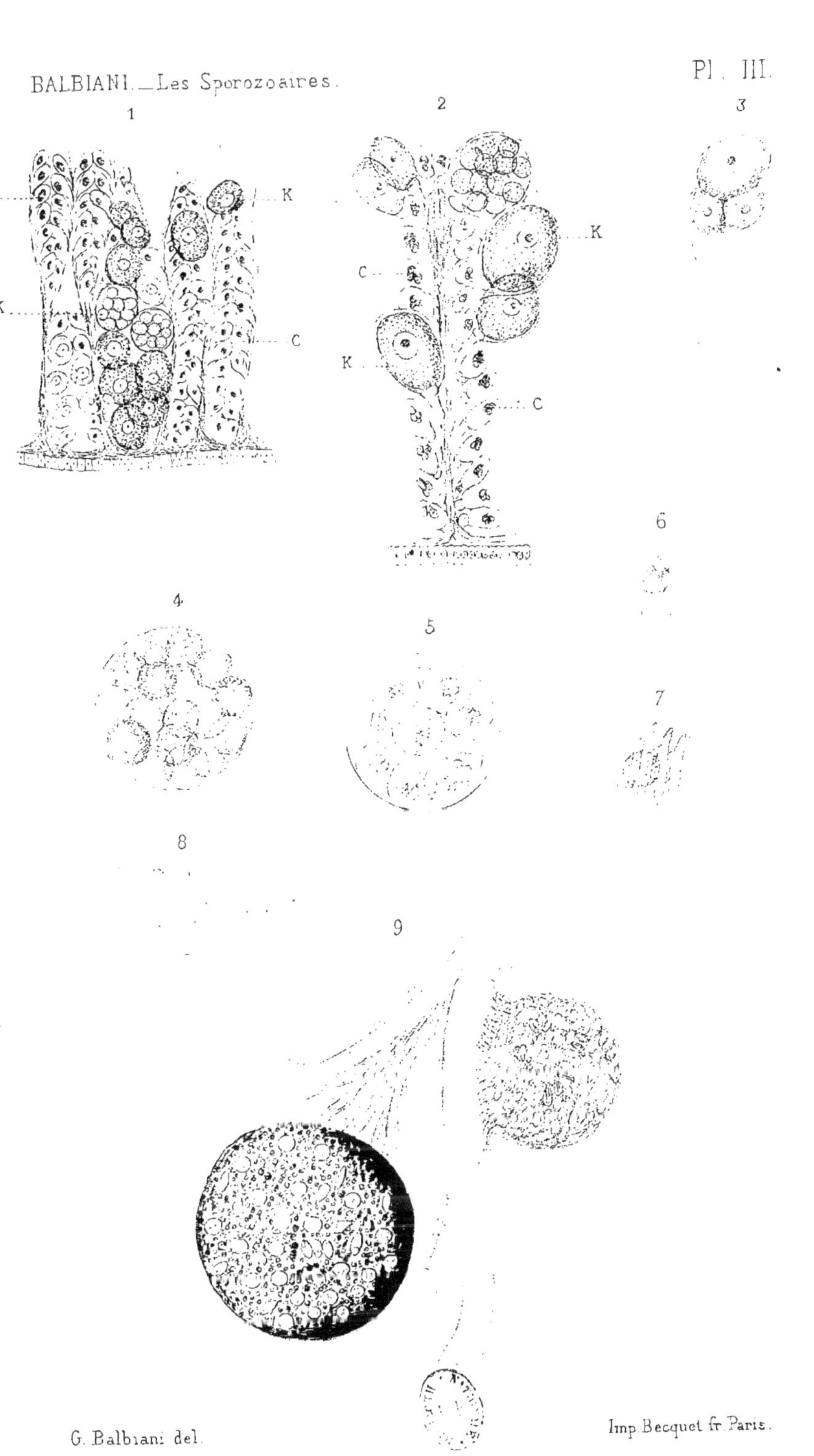

G. Balbiani del.

Imp. Becquet fr. Paris.

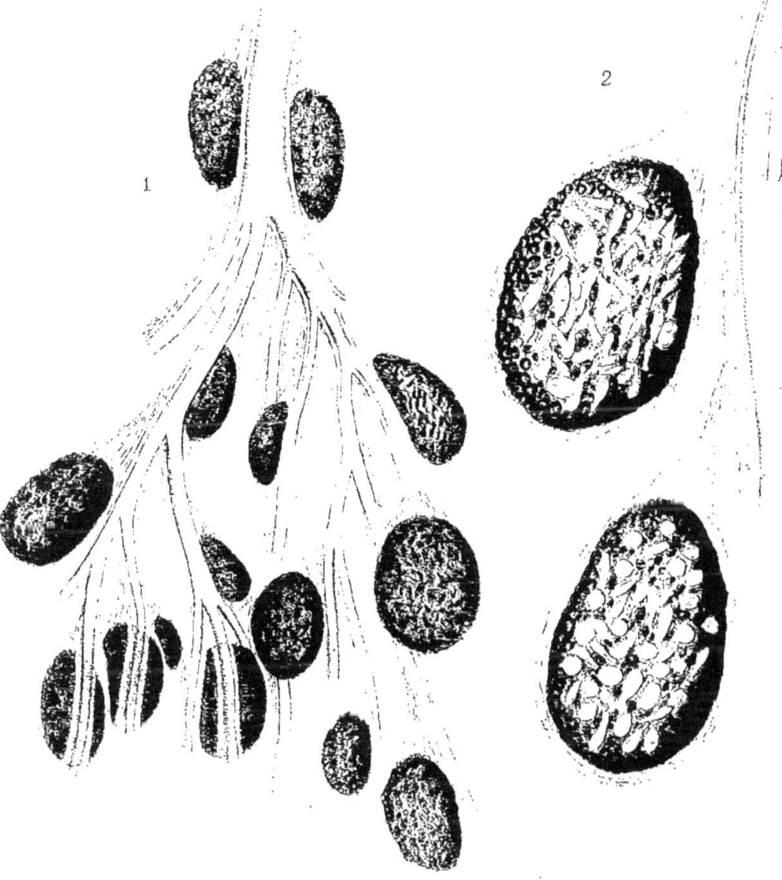

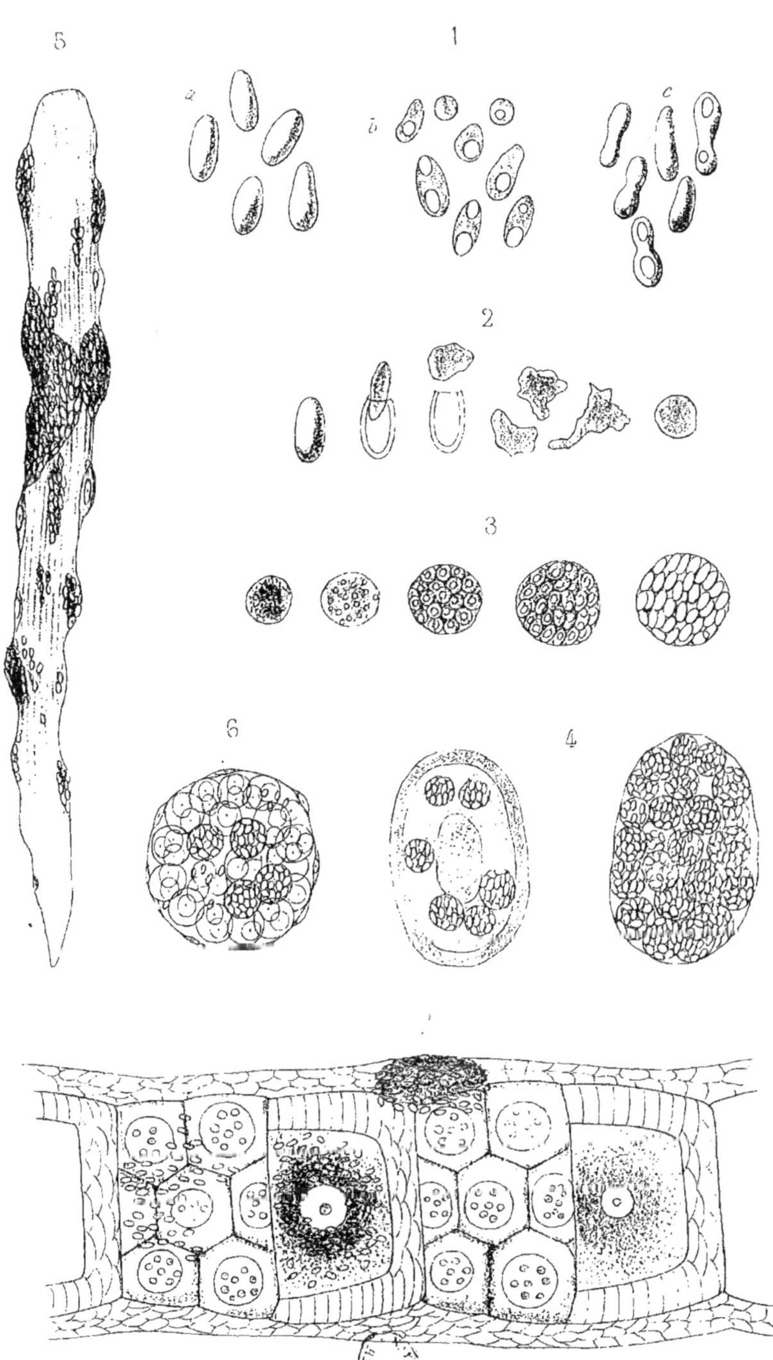

5
1
a
b
c
2
3
6
4

EXPLICATION DES PLANCHES.

Planche I.

Fig. 1. — Kyste de *Monocystis* du testicule du Lombric.

Fig. 2. — Division du contenu d'un kyste en deux masses ovoïdes, au début de la formation des pseudonavicelles.

Fig. 3. — Kyste dont le contenu, resté indivis, s'est recouvert à sa surface d'une couche de petits globules clairs ou sporoblastes.

Fig. 4. — Stade plus avancé d'un kyste semblable à celui représenté fig. 2. Chacune des deux masses ovoïdes intérieures s'est recouverte d'une couche de sporoblastes.

Fig. 5. — Kyste dont le contenu s'est divisé en quatre segments inégaux qui ont produit chacun une couche superficielle de sporoblastes.

Fig. 6. — Le contenu s'est presque en entier résolu en sporoblastes et ne renferme plus que quelques amas de la substance granuleuse primitive.

Fig. 7. — Les sporoblastes commencent à se transformer au centre du kyste en spores naviculaires (pseudonavicelles), tandis qu'à la surface ils présentent encore leur forme sphérique primitive.

Fig. 8. — Gros kyste rompu par l'effet de la compression; il laisse échapper son contenu formé de pseudonavicelles presque mûres et de quelques masses granuleuses non transformées en spores.

Planche II.

Fig. A. — Spores simples et concrètes du *Pileocephalus chinensis*

Fig. B. — Spores de *Porospora gigantea.*

Fig. *a.* — Spores du *Gamocystis tenax*; — *b*, du *Hoplorhynchus oligacanthus*; — *c*, du *Hyalospora roscoviana*; — *d*, de l'*Acanthocephalus Dujardini*; — *e, f*, spore et chapelet de spores du *Clepsidrina Blattarum.*

Fig. 1. — Macrospores du *Monocystis* du Lombric.

Fig. 2. — Diverses anomalies de forme des macrospores du même.

Fig. 3. — Microspores du *Monocystis.*

Fig. 4. — Spores du *Dufouria agilis.*

Fig. 5. — Spores du *Gonospora Terebellae.*

Fig. 6. — Spores de l'*Urospora Nemertis.*

Fig. 7. — Dernières phases du développement des pseudonavicelles du *Monocystis* du Lombric.

Toutes ces figures sont reproduites d'après Aimé Schneider, sauf la fig. *e* et la fig. 7, qui le sont d'après Bütschli.

PLANCHE III.

FIG. 1. — Coupe pratiquée près de la surface du rein d'un *Helix hortensis*, montrant en K , K , des *Klossia helicina* à divers stades d'évolution. C , cellules épithéliales du rein renfermant des concrétions d'urate d'ammoniaque.

FIG. 2. — Portion plus grossie d'une coupe du même organe. K , K , *Klossia helicina* renfermés dans les cellules épithéliales considérablement dilatées. C , C , cellules épithéliales saines avec les concrétions uratiques intérieures.

FIG. 3. — Cellule rénale fortement grossie, contenant trois jeunes *Klossia*. On aperçoit le noyau de la cellule placé vers son extrémité étirée en pédoncule.

FIG. 4. — *Klossia* dont le contenu s'est divisé en un grand nombre de sporoblastes sphériques.

FIG. 5. — Transformation des sporoblastes en spores; chacune de celles-ci présente quatre corpuscules falciformes et le nucléus de reliquat.

FIG. 6 — Une spore isolée.

FIG. 7. — Spore volumineuse renfermant, par exception, huit corpuscules falciformes au lieu de quatre, plus le nucléus de reliquat.

FIG. 8. — Corpuscules falciformes observés à l'état de liberté dans la substance du rein où ils se meuvent par des contractions énergiques qui en modifient constamment la forme. Chaque corpuscule présente vers son milieu un noyau arrondi clair.

Fig. 9. — Portion de l'artère mésentérique d'une Tanche dont les ramifications portent des kystes développés aux dépens de la tunique conjonctive du vaisseau et renfermant dans leur intérieur des Myxosporidies à divers degrés de développement. Les kystes sont sessiles ou plus ou moins longuement pédonculés. Le contenu est formé tantôt par les parasites seulement, tantôt par une substance granuleuse, colorée en brun par de l'hématoïdine, au milieu de laquelle se trouvent des Myxosporidies.

Planche IV.

Fig. 1. — Portion de l'artère splénique d'une Tanche, portant sur ses nombreuses ramifications des corpuscules de Malpighi dont la plupart renferment des Myxosporidies.

Fig. 2. — Deux corpuscules de Malpighi de la rate d'une Tanche, vus à un plus fort grossissement et présentant dans leur intérieur des Myxosporidies. Parmi celles-ci, on aperçoit des formes bien développées, ovalaires, à deux capsules polaires, telles qu'on les observe chez ce Poisson ; les autres sont des formes dégradées, généralement piri-formes, ne renfermant souvent qu'une seule capsule ou en étant dépourvues.

Fig. 3. — Formes diverses, très grossies, des spores contenues dans les corpuscules de Malpighi. A, spores renfermant une ou deux capsules polaires et une masse plasmique rem-plissant plus ou moins la cavité de la spore. B, spores réduites à leur coque bivalve, tantôt fermée, tantôt ouverte. C, spores incomplètement développées, à l'état de petites masses plasmiques amiboïdes ou de vésicules granuleuses.

Planche V,

Fig. 1. — Microsporidies du Ver à soie *(Microsporidium Bombycis)*, vulgairement : corpuscules vibrants ou de pébrine — *a*, spores à l'état de maturité parfaite ; *b*, spores incomplètement développées ; *c*, formes anormales des spores.

Fig. 2. — Spores laissant échapper le plasma intérieur sous forme d'une petite masse amiboïde.

Fig. 3. — Développement des spores dans la masse sarcodique représentant l'état végétalif ou d'accroissement de la Microsporidie.

Fig. 4. — Deux cellules épithéliales de l'estomac d'une chenille d'*Attacus (Saturnia) Pernyi*, envahies par des Microsporidies ; *a*, cellule au début de l'invasion ; *b*, cellule entièrement remplie d'amas de spores.

Fig. 5. — Faisceau spermatique d'un Ver à soie au cinquième âge, présentant des Microsporidies sous la membrane d'enveloppe et entre les filaments séminaux.

Fig. 6. — Follicule du testicule d'un Ver à soie bien développé, contenant des amas de Microsporidies mêlés aux spermatoblastes intérieurs.

Fig. 7. — Portion d'une gaîne ovarique d'un Ver à soie adulte. On aperçoit des Microsporidies dans un ovule et les cellules vitellogènes correspondantes, ainsi que dans la tunique épithéliale.

Lille Imp. L. Danel.